라이프니츠가 들려주는 기수법 이야기

수학자가 들려주는 수학 이야기 07

라이프니츠가 들려주는 기수법 이야기

ⓒ 김하얀, 2008

초판 1쇄 발행일 | 2008년 2월 5일
초판 24쇄 발행일 | 2024년 3월 1일

지은이 | 김하얀
펴낸이 | 정은영
펴낸곳 | (주)자음과모음

출판등록 | 2001년 11월 28일 제2001-000259호
주소 | 10881 경기도 파주시 회동길 325-20
전화 | 편집부 (02)324-2347, 경영지원부 (02)325-6047
팩스 | 편집부 (02)324-2348, 경영지원부 (02)2648-1311
e-mail | jamoteen@jamobook.com

ISBN 978-89-544-1547-7 (04410)

라이프니츠가 들려주는

기수법 이야기

| 김 하 얀 지음 |

㈜자음과모음

수학자라는 거인의 어깨 위에서
보다 멀리, 보다 넓게 바라보는 수학의 세계!

수학 교과서는 대개 '결과'로서의 수학을 연역적으로 제시하는 경향이 강하기 때문에 학생들은 수학이 끊임없이 진화해 왔다는 생각을 하기 어렵습니다. 그렇지만 수학의 역사는 하나의 문제가 등장하고 그에 대해 많은 수학자들이 고심하고 이를 해결하는 가운데 새로운 아이디어가 출현해 온 역동적인 과정입니다.

〈수학자가 들려주는 수학 이야기〉는 수학 주제들의 발생 과정을 수학자들의 목소리를 통해 친근하게 이야기 형식으로 들려주기 때문에 학생들이 수학을 '과거 완료형'이 아닌 '현재 진행형'으로 인식하는 데 도움이 될 것입니다.

학생들이 수학을 어려워하는 요인 중의 하나는 '추상성'이 강한 수학적 사고의 특성과 '구체성'을 선호하는 학생의 사고의 특성 사이의 괴리입니다. 이런 괴리를 줄이기 위해서 수학의 추상성을 희석시키고 수학 개념과 원리의 설명에 구체성을 부여하는 것이 필요한데, 〈수학자가 들려주는 수학 이야기〉는 수학 교과서의 내용을 생동감 있게 재구성함으로써 추상적인 수학을 구체성을 갖는 수학으로 변모시키고 있습니다. 또한 중간중간에 곁들여진 수학자들의 에피소드는 자칫 무료해지기 쉬운 수학 공부에 있어 윤활유 역할을 할 수 있을 것입니다.

〈수학자가 들려주는 수학 이야기〉의 구성을 보면 우선 수학자의 업적을 개략적으로 소개하고, 6~9개의 강의를 통해 수학 내적 세계와 외적 세계, 교실 안과 밖을 넘나들며 수학 개념과 원리들을 소개한 후 마지막으로 강의에서 다룬 내용들을 정리합니다. 이런 책의 흐름을 따라 읽다 보면 각 시리즈가 다루고 있는 주제에 대한 전체적이고 통합적인 이해가 가능하도록 구성되어 있습니다.

〈수학자가 들려주는 수학 이야기〉는 학교 수학 교과 과정과 긴밀하게 맞물려 있으며, 전체 시리즈를 통해 학교 수학의 많은 내용들을 다룹니다. 예를 들어《라이프니츠가 들려주는 기수법 이야기》는 수가 만들어진 배경, 원시적인 기수법에서 위치적 기수법으로의 발전 과정, 0의 출현, 라이프니츠의 2진법에 이르기까지를 다루고 있는데, 이는 중학교 1학년의 기수법의 내용을 충실히 반영합니다. 따라서 〈수학자가 들려주는 수학 이야기〉를 학교 수학 공부와 병행하면서 읽는다면 교과서 내용의 소화 흡수를 도울 수 있는 효소 역할을 할 수 있을 것입니다.

뉴턴이 'On the shoulders of giants'라는 표현을 썼던 것처럼, 수학자라는 거인의 어깨 위에서는 보다 멀리, 넓게 바라볼 수 있습니다. 학생들이 〈수학자가 들려주는 수학 이야기〉를 읽으면서 각 수학자들의 어깨 위에서 보다 수월하게 수학의 세계를 내다보는 기회를 갖기 바랍니다.

홍익대학교 수학교육과 교수 |《수학 콘서트》저자 박 경 미

세상 진리를 수학으로 꿰뚫어 보는 맛, 그 맛을 경험시켜 주는 '기수법' 이야기

"숫자는 누가 만든 거야?"

조카가 수학 선생인 나에게 수학에 관해 처음 한 질문입니다. 돌이켜 보면 나도 아주 어린 시절 이런 의문을 가졌던 것 같습니다. 한글은 세종대왕이 만들었다는데, 숫자는 누가 만든 걸까? 더군다나 숫자는 세계 공통이라는데……

그런데 이런 의문은 대부분 적절히 해결되지 못한 채 덧셈, 뺄셈 등을 계산하고 숫자를 익히면서 어느덧 숫자의 기원에는 더 이상 관심을 두지 않게 되었습니다.

숫자의 탄생에 대해 상상해 보고, 역사의 흔적을 따라 오늘날의 숫자에 이르게 되는 과정을 살펴보는 것은 수학이란 무엇인가를 생각해 볼 수 있는 좋은 기회가 됩니다. 수학이 단순히 숫자의 학문이 아닌 것은 틀림없지만, 숫자의 역사 속에는 수학의 특징과 발달 과정이 고스란히 담겨 있기 때문입니다.

본 책은 낙천주의자 라이프니츠의 입을 통해 수의 역사, 기수법의 역사를 공부합니다. 라이프니츠는 다 함께 평화롭게 사는 것을 꿈꾼 철학자이자 수학자, 여행가, 정치가였습니다. 라이프니츠는 세계의 모든 것을 설명할 수 있는 도구로 2진법을 고안하게 되었습니다. 그리고 2진법을 연구하던 중 중국 주역의 원리가 자신이 고안한 2진법의 원리와 일치한다는 것을 알고 더욱 2진법 연구에 확신을 갖게 됩니다. 위대한 철학자, 수학자의 연구라 하기엔 소박하고 허무맹랑하기까지 한 이 2진법에 대한 생각이 오늘날 컴퓨터의 원리와 닿아 있다는 것을 알게 되면 다시 한 번 그의 천재성에 감탄하지 않을 수 없을 것입니다.

기수법은 중학교 1학년의 첫 단원에서 배우게 됩니다. 수의 역사에 대해 배우고 수학이란 무엇인가를 생각해 볼 수 있는 정말 귀중한 시간임에도, 학교 현장에서는 적절한 교재를 찾을 수 없고 시간에 쫓기다 보니 단순한 계산 연습에 그치고 마는 경우가 많습니다.

이 책을 읽는 독자가 중학교 입학을 앞둔 학생이라면 수학이란 무엇인가를 생각할 수 있는 작은 계기가 되어 수학에 흥미를 느끼게 되었으면 좋겠고, 고등학생이라면 여섯 번째, 일곱 번째 수업을 통해 숫자에 담겨 있는 철학을 느꼈으면 좋겠습니다.

마지막으로 좋은 시리즈를 기획해서, 독서교육의 열풍에도 적절한 교재를 찾지 못하던 학교 현장과 학생들에게 작은 선물을 할 수 있도록 해주신 자음과모음 관계자분들에게 감사의 말을 전합니다.

그리고……, 우리 신랑, 고맙고 미안하고 사랑합니다.

2008년 1월 김하얀

추천사 · 04

책머리에 · 06

길라잡이 · 10

라이프니츠를 소개합니다 · 16

1 첫 번째 수업
   원시 시대의 수 · 21

2 두 번째 수업
   기수법의 시작 · 49

3 세 번째 수업
   위치기수법 · 69

4 네 번째 수업
진법의 변환과 계산 · **95**

5 다섯 번째 수업
고대의 숫자 · **119**

6 여섯 번째 수업
인도의 숫자와 0의 발명 · **149**

7 일곱 번째 수업
라이프니츠와 2진법 · **167**

① 이 책은 달라요

《라이프니츠가 들려주는 기수법 이야기》는 숫자의 기원과 현재의 기수법에 이르게 된 역사 속의 이야기를 통해 숫자의 원리를 알려 줍니다. 수돌, 수짱, 셈신 세 학생은 수란 무엇인가에 대한 고민을 통해 수학적 사고력을 키우고, 라이프니츠 선생님의 강의를 들으면서 동양의 문화가 현대의 숫자에 어떤 영향을 미쳤는지, 그리고 2진법이 어떻게 컴퓨터의 발달을 이끌었는지를 알게 됩니다.

② 이런 점이 좋아요

1 무심코 사용하는 숫자 속에 담겨 있는 수학 이야기를 들려줍니다. 숫자가 단순히 계산만 하는 도구가 아니라 세계 곳곳 역사의 고민이 담겨 있는 문화라는 사실을 알게 합니다.

2 중학생에게는 수업 시간에 배우는 내용을 원리부터 계산 연습까지

알기 쉽게 설명합니다. 수행평가 문제로 많이 등장하는 기수법에 대한 풍부한 수학사적 자료가 담겨 있습니다.

3 고등학생에게는 수학의 가장 큰 특징인 추상성이 숫자 속에 어떻게 담겨 있는지 알게 해 줍니다. 수리 논술 대비로 쉽게 읽을 수 있는 교재입니다.

교과 과정과의 연계

구분	단계	단원	연계되는 수학적 개념과 내용
초등학교	3-가	길이와 시간	시간, 분, 초의 전환
	4-가	시간과 무게	시간, 분, 초의 전환
	5-나	분수와 소수	분수를 소수로 바꾸는 원리
중학교	7-가	집합	집합, 일대일 대응의 개념
	7-가	자연수의 성질	거듭제곱
	7-가	기수법	기수법의 원리, 진법의 전환, 2진법의 계산
	8-가	유리수	유리수와 유한소수, 무한소수의 관계

4 수업 소개

첫 번째 수업 _ 원시 시대의 수

인류의 역사에서 수가 어떻게 시작되었는지 공부하면서 수학의 특징인 추상성을 알아 갑니다.

- 공부 방법 : 수가 어떻게 시작되었을까 고민해 보는 시간을 가져 봅니다. 수학의 특징인 추상성이란 무엇일까를 생각해 봅니다.
- 관련 교과 단원 및 내용
- 7-가 '집합' 단원의 집합 개념, 일대일 대응 개념을 익힙니다.
- 7-가 '집합과 자연수' 단원의 수행평가 자료로 활용합니다.
- 고등학교 수리 논술 자료로 수학의 추상성에 대해서 익힙니다.

두 번째 수업 _ 기수법의 시작

학생들이 숫자를 만드는 경험을 통해서 인류 역사 속의 고민을 느끼고 숫자의 원리를 공부합니다.

- 공부 방법 : 수돌, 수짱, 셈신이가 되어 숫자를 만들어 보고, 라이프니츠 선생님이 던지는 질문에 같이 고민을 해 봅니다.
- 관련 교과 단원 및 내용

－ 7-가 '기수법' 단원의 기수법의 원리를 익힙니다.

－ 초등학교 '측정' 단원의 단위가 다른 수의 계산 개념을 익히는 데

　도움이 됩니다.

세 번째 수업 _ 위치기수법

셈신이의 숫자를 통해 위치기수법의 원리를 알아보고, 현대의 숫자에
대해 공부합니다.

• 공부 방법 : 수업 속의 활동에 함께 참여합니다.

• 관련 교과 단원 및 내용

－ 7-가 '기수법' 단원의 기수법의 원리를 익힙니다.

－ 7-가 '자연수의 성질' 단원의 거듭제곱의 개념을 익힙니다.

네 번째 수업 _ 진법의 변환과 계산

하나의 수를 다양한 진법으로 변환하는 방법을 공부합니다.

• 공부 방법 : 필기구를 가지고 선생님이 내 주시는 문제를 함께 풀면

　서 공부합니다.

• 관련 교과 단원 및 내용

－ 7-가 '기수법' 단원의 진법의 변환, 전개식을 익힙니다.

다섯 번째 수업 _ 고대의 숫자

실제 역사 속에 나타난 고대의 숫자를 공부합니다.

- 공부 방법 : 앞 시간에 배운 기수법의 원리, 진법의 변환 등을 활용해 고대의 숫자를 익힙니다.

- 관련 교과 단원 및 내용

- 7-가 '기수법' 단원의 기수법의 원리를 익힙니다.

- 7-가 '기수법' 단원의 수행평가 자료로 활용합니다.

- 3-가, 4-가 '측정' 단원의 시간, 분, 초 사이의 전환에 대해 익힙니다.

- 5-나 '분수와 소수' 단원의 분수를 소수로 바꾸는 원리를 익힙니다.

- 8-가 '유리수' 단원의 유리수와 유한소수, 무한소수의 관계를 익힙니다.

여섯 번째 수업 _ 인도의 숫자와 0의 발명

역사 속에 0이 등장하면서 현대의 숫자가 완성하게 되는 과정을 공부합니다.

- 공부 방법 : 동양적 사상이 어떻게 현대 숫자에 영향을 미쳤는가를 생각해 봅니다.

- 관련 교과 단원 및 내용

- 7-가 '기수법' 단원의 기수법의 원리를 익힙니다.

- 7-가 '기수법' 단원의 전개식을 공부합니다.

- 7-가 '기수법' 단원의 수행평가 자료로 활용합니다.

- 고등학교 수리 논술 자료로 동양적 사상과 0의 등장의 관계를 생각할 수 있습니다.

일곱 번째 수업 _ 라이프니츠와 2진법

동양적 사상과 2진법의 관계를 알아봅니다. 2진법을 연습하고 현대 컴퓨터의 발달에 2진법이 어떻게 영향을 미쳤는지 공부합니다.

- 공부 방법 : 현대 사회에 없어서는 안 될 컴퓨터에 2진법이 어떤 영향을 미쳤고, 동양적 사상과는 어떤 관계인지에 초점을 맞추어 읽습니다.

- 관련 교과 단원 및 내용

- 7-가 '기수법' 단원의 2진법 계산을 익힙니다.

- 7-가 '기수법' 단원의 수행평가 자료로 활용합니다.

- 고등학교 수리 논술 자료로 동양적 사상과 2진법, 컴퓨터의.관계를 생각해 봅니다.

라이프니츠를 소개합니다

Gottfried Wilhelm Leibniz (1646~1716)

나는 평화롭게 사는 것을 꿈꾸는

철학자이자 수학자, 여행가, 정치가입니다.

나는 2진법을 고안하여

오늘날 컴퓨터 발전의 기초를 다졌어요.

"0과 1만으로 이 세상을 설명한다"

멋지지 않나요?

여러분, 나는 라이프니츠입니다

안녕하세요?

앞으로 일곱 번의 수업을 통해 기수법을 강의할 라이프니츠입니다. 여러분들은 나를 어떤 사람으로 알고 있나요? 어떤 친구들은 철학자로 알고 있을 테고, 어떤 친구들은 수학자로 알 겁니다. 또 어떤 친구들은 발명가나 저술가, 논리학자라고 생각할 겁니다.

나는 1646년에 독일 라이프치히에서 태어났습니다. 철학교수였던 아버지 덕분에 어려서부터 다방면의 지식을 쌓을 수 있었지요. 15살 때에는 라이프치히 대학 법학과에 입학하여, 많은 철학서를 읽었습니다. 이때에 나는 철학의 이해를 위해서는 수학이 필요하다는 것을 알게 되었습니다. 법학 공부에도 전념했

으나, 내가 너무 어리다는 이유로 대학에서 학위 수여를 거부하더군요. 몇 년 뒤 다른 대학에서 학위 수여와 법률학 교수 자리를 제안했지만, 이미 더 큰 뜻이 있던 나는 거절했습니다.

이후 과학계의 인물들과 수학자들을 만나면서 수학 연구를 계속했습니다. 뿐만 아니라 철학 논문을 쓰고 많은 여행을 했으며 교회의 통합을 위해 노력했습니다.

인류의 역사에서 수학자로 이름을 날린 사람은 적지 않습니다. 그러나 나처럼 연속적인 양과 흩어져 있는 양에 관한 영역 모두에서 업적을 남긴 사람은 거의 없지요. 이것은 내가 늘 관심을 두었던 보편성에 대한 연구와 무관하지 않습니다. 무슨 말이냐고요? 지금부터 나의 연구에 대해서 설명하겠습니다.

❶ 여러분들은 미적분학❶이라는 학문을 들어보았을 것입니다. 이 미직분학을 발명한 사람이 나랍니다. 사실 미적분학을 누가 발명했는가에 대해서는 나와 뉴턴을 두고 말들이 많지요. 우리는 각자 비슷한 연구를 하고 있었지만, 논문은 내가 먼저 발표했습니다. 하지만 뉴턴은 이미 20년 전부터 이 연구를 시작했다고 주장했어요.

미적분학 미분학과 적분학을 아울러 이르는 말

우리가 감정적으로 다투진 않았지만, 뉴턴의 나라 영국과 내가 속한 독일 사람들이 우리가 죽고 나서 많이들 다퉜나 보더군요. 그러나 미적분학을 누가 먼저 발명했든지 간에, 미적분학의 기본 정리와 미적분에서 쓰이는 dx, dy, $\int$ 등의 기호는 모두 나의 작품입니다. 뉴턴이 미적분학에 남긴 업적이 나보다 크다고 주장할지라도 현대의 모든 사람들이 사용하는 미적분 기호가 나에 의해서 완성되었다는 것에는 이의가 없을 겁니다.

나는 평생 다방면에 걸쳐서 연구를 했습니다. 다양한 학문을 접하면서 모든 진리를 관통하는 보편성에 대해서 생각하게 되었지요. 그리고 이 세상의 많은 현상들을 설명할 보편적 기호가 있을 것으로 믿었습니다. 나의 미적분 기호를 현대에 모든 이들이 사용하는 것도 이런 연구의 결과이기도 합니다. 함수의 개념과 용어도 내가 처음 사용했어요.

또한 세상을 설명할 보편적 기호로 2진법을 고안하였습니다. "0과 1만으로 이 세상을 설명한다."

이 얼마나 멋진 생각입니까. 이런 생각 속에서 여러분이 매일 사용하는 컴퓨터가 탄생하게 되었답니다.

2진법이 무엇이기에 컴퓨터를 태어나게 했냐고요? 수돌이, 수짱이, 셈신이와 함께 기수법을 공부하고 나면 궁금증이 해결될 겁니다. 자, 그럼 지금부터 기수법의 여정을 시작하겠습니다.

라이프니츠가 들려주는 기수법 이야기

원시 시대의 수

원시 부족이 수를 세는 방법에서
수의 추상화 과정을 알 수 있습니다.

첫 번째 학습 목표

1. 수가 어떻게 시작되었는지 생각할 수 있습니다.

2. 원시 부족의 수에 대해 알 수 있습니다.

미리 알면 좋아요

1. 집합 조건에 맞는 대상을 분명하게 구별할 수 있는 모임입니다.

   예를 들어, 수학점수가 80점 이상인 학생의 모임은 집합이 될 수 있지만, 수학을 잘하는 학생의 모임은 집합이 아닙니다. 수돌이가 생각하기에 수학점수가 85점인 수짱이는 수학을 굉장히 잘하는 학생이지만, 셈신이의 생각에는 85점은 못하는 학생의 점수일 수 있습니다. 이렇게 기준이 분명하지 않은 모임은 집합이 될 수 없습니다.

2. 원소 집합을 이루는 대상 하나하나를 말합니다.

   예를 들어, 이번 시험에 수짱이의 수학점수는 85점, 셈신이는 100점을 받았다면 '수짱, 셈신'은 '이번 시험에서 수학점수가 80점 이상인 학생의 모임'이라는 집합의 원소가 됩니다.

라이프니츠의
첫 번째 수업

 강의가 시작되려면 30분이나 남았지만, 그 유명한 라이프니츠 선생님을 만난다는 설렘으로 아이들은 일찍부터 강의실에 도착해 있었습니다. 모두들 흥분된 표정으로 자신이 아는 라이프니츠 선생님과 기수법에 대해서 이야기했습니다.

 "'미적분'이라고 들어 봤어? 그걸 만든 분이 라이프니츠 선생님이야."

"그 정도는 기본이지. 미적분 기호에 대해서는 알고 있니? dx, dy, $\int$ 같은 거 말이야. 이것들도 다 라이프니츠 선생님이 만드신 거야."

"그렇구나……. 근데 기수법이 뭐야? 라이프니츠 선생님이 강의하신다기에 오긴 했는데, 기수법이 대체 뭐지?"

"기수법을 한자로 써 봐. 기록할 기記자에, 셀 수數, 법 법法! 그러니까……, 숫자를 기록하는 방법을 말하지."

"아……, 그렇구나! 근데 미적분 기호를 만드신 라이프니츠 선생님하고 기수법이 무슨 관계야?"

"음……, 그, 그건…, 나중에 말해 줄게. 그건 그렇고, 우리, 회장 뽑아야 하는 거 아니야? 앞으로 한 반에서 공부해야 하는데, 회장이 있어야 할 것 같아."

"그래 그래!"

아이들은 회장을 뽑자는 의견에 동의하여 투표를 시작했습니다. 아이들이 추천한 후보들은 수돌, 수짱, 셈신. 개표가 시작되고, 칠판에는 다음과 같이 적혔습니다.

기호 1번 수돌   기호 2번 수짱   기호 3번 셈신

라이프니츠가 들려주는 기수법 이야기

개표가 모두 끝날 때쯤, 라이프니츠 선생님이 교실로 들어오셨습니다.

"와, 오셨다!"
"안녕하세요!"
"선생님, 안녕하세요!"
안녕하세요. 그런데 왜 이렇게 시끌벅적하죠? 뭘 하고 있었나요?
"회장을 뽑고 있었어요!"
음, 셈신이 표가 제일 많은 걸로 봐서 셈신이가 회장이 된 모양이군요. 축하해요. 내 인사보다는 셈신이의 당선 소감부터 들어보아야겠는데요.

셈신이가 앞으로 나가 당선 인사를 했습니다.

"라이프니츠 선생님의 기수법 반 회장으로 뽑아 주셔서 감사합니다. 앞으로 선생님을 도와 우리 반 학생 모두가 기수법의 황제가 되는 그날까지 열심히 노력하겠습니다!"
하하, 회장 셈신이가 있어서 든든한걸요. 여러분이 스스로 회장을 뽑는다는 것은 그만큼 이 반에 애정이 있다는 것이고, 즐겁게 공부할 준비가 되어 있다는 뜻이죠? 나도 잘 부탁해요. 여러분들이 내 이름은 모두 알고 있는 것 같네요. 그럼 여러분의 이야기를 들어 볼까요?

라이프니츠 선생님이 반 아이들 한 명 한 명과 인사를 했습니다.

모두 반가워요. 이렇게 똘똘하게 생긴 여러분은 무엇을 공부하려고 모였지요?

"기수법이요!"

그래요. 기수법이란 수를 적는 방법을 말합니다. 이번 시간과 다음 시간에 이 기수법이 어떻게 시작되었는지에 대해 공부할 거예요. 그럼 수를 적는 방법이 어떻게 시작되었는지부터 여러분의 생각을 한번 들어 볼게요.

수짱이가 나와서 이야기를 시작했습니다.

"다른 문자가 생겨난 것과 마찬가지였을 것 같아요. 문자가 없던 시절에 사회가 조금씩 발전하면서, 말만으로는 기억하는 데에 한계가 있었을 거예요. 약속을 잊어버린 적도 많았을 거고요. 그래서 동굴의 벽 같은 데에 뾰족한 도구로 표시를 하면서 그런 표시들이 점점 문자로 발달했다고 알고 있어요. 이런 과정은 수를 적는 방법의 발달도 마찬가지 아닐까요?"

문자의 발달에 대해서 수짱이가 아주 잘 얘기해 줬어요. 그런데 수의 발달은 일반적인 언어의 발달과 다른 면이 있답니다. 물론 문자가 생기기 전의 일이니 유물이나 현재의 언어에 남아 있는 흔적으로 추측할 뿐이지만요.

무슨 말씀이신지……, 아이들은 눈만 깜빡거리고 있었습니다.

조금 복잡하다고요? 자 이제부터 원시 시대로 가 볼까요?

라이프니츠는 동물 뼈 사진을 한 장 꺼내서 칠판에 붙였습니다.

원시 시대 사람들은 우선, 음식물의 양을 표시하기 위해 벽이나 바위에 선을 '긋기' 시작했어요. 'tally탤리'라는 영어 단어가 있는데, 이는 '계산, 셈'이라는 뜻이죠. 이 낱말은 원래 '막대' 또는 '눈금'이라는 뜻을 가졌어요. 이 단어의 기원으로 추측하면 음식물 수를 세기 위해서 막대 같은 곳에 눈금으로 표시했다는 것을 알 수 있죠. 실제로 여러 유물들에서 동물의 뼈에 눈금을 그어 세었다는 기록이 발견되곤 합니다.

수돌이가 알겠다는 듯이 중얼거렸습니다.

"아……, 저 눈금들이 셈을 한 표시구나……."

셈신이가 말했습니다.

"아까 우리가 회장 선거를 할 때, 正으로 표시한 것도 tally로 볼 수 있을 것 같아요."

그렇죠! 흔히 개수를 셀 때, 사선을 긋거나 正자로 표시를 하곤 하죠. 숫자의 시초라고 볼 수 있는 tally는 사실 현대의 사람들도 흔히 이용하는 방법이에요. 외상을 한다고 할 때 드라마 같은 데

라이프니츠가 들려주는 기수법 이야기

서 '그어 두쇼'라고 말하는 걸 들어 봤나요? '긋다'라는 말은 외상 매출한 양을 벽이나 장부에 그어서 표시한 것에서 유래했다고 생각할 수 있겠죠. 실제로 영국 재무성에서는 1800년대까지 이 tally가 쓰였다고 하네요.

이러한 tally의 방법은 셈의 기본으로서의 일대일 대응의 시작이라고 할 수 있습니다.

"일대일 대응이요?"

예. 조금 전의 회장 선거를 생각해 보세요. 수돌이 표가 하나 나올 때마다 칠판의 수돌이 이름 밑에 획을 하나 긋죠. 두 번째 표가 나오면 또 획 하나를 긋습니다. 표 하나와 획 하나가 일대일 대응되고 있는 거예요. 개표가 모두 끝나면 수돌이의 득표수는 칠판에 표시된 획의 수로 알 수 있죠. 즉 수돌이가 받은 표의 집합과 칠판에 그은 正자의 획의 집합 사이에 일대일 대응 관계가 성립한 거랍니다.

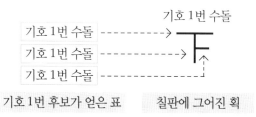

기호 1번 후보가 얻은 표   칠판에 그어진 획

원시 부족이 자신들이 잡은 늑대의 수를 세면서 동굴 벽 등에 눈금을 긋는 것도 잡은 늑대의 집합과 동굴 벽 눈금 집합의 원소 사이에 일대일 대응 관계를 만든 거예요.

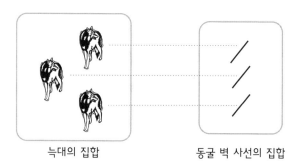

늑대의 집합   동굴 벽 사선의 집합

라이프니츠가 들려주는 기수법 이야기

일대일 대응에 의한 셈은 물론 tally말고도 다양해요.

문헌상의 기록이 있기 전의 일들을 알기 위해 현재의 언어를 연구한다고 앞에서 얘기했었죠? '계산, 미적분'이라는 뜻을 가진 'calculus캘큘러스'라는 단어에는 '돌멩이'라는 뜻이 있답니다. 어떤 연관성이 느껴지지 않나요?

수돌이가 혹시나 하는 표정으로 말했습니다.

"돌멩이로 계산을 했을까요?"

하하, 선생님의 생각과 같군요. 원시 시대에 주변에 보이는 것이 돌멩이였을 테니, 긋는 것 말고 돌멩이를 이용하는 것도 일반적이었을 것으로 추측됩니다.

이제부터 옛날이야기를 들려 줄게요. 고대 그리스 시대의 이야기랍니다. 율리시스에 의해서 장님이 된 거인 폴리페머스는 자신의 동굴 앞에서 아침마다 양을 내보냈어요. 한 마리가 나올 때마다 돌멩이를 하나씩 집어 들었죠. 저녁때가 되어 양들이 돌아오면, 동굴로 한 마리 들여보낼 때마다 들고 있던 돌멩이를 내려놓았습니다. 이런 식으로 돌멩이를 전부 내려놓으면 그날 나갔던 양들이 전부 돌아왔다는 것을 알 수 있었죠.

이 이야기는 문헌상에 셈의 방법으로써 일대일 대응 개념이 나타난 최초의 기록입니다.

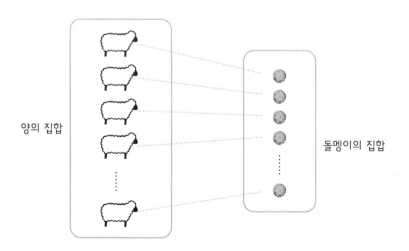

아프리카의 어떤 부족은 자신이 죽인 멧돼지의 수를 계산하기 위해서 멧돼지의 어금니를 모은다고 해요. 이것도 자신이 죽인 멧돼지와 어금니 사이의 일대일 대응 관계로 이해할 수 있겠죠.

인류 수학의 발달 과정은 어린아이가 수학을 익혀 가는 과정과 비슷해요. 여러분이 어렸을 때 벽에 낙서하던 그림을 생각해 보세요. 원시인들의 동굴 벽화와 많이 닮았죠?

원시 시대 사람들이 셈을 하기 시작했을 때의 모습은 여러분의 동생 모습을 보면 상상할 수 있을 거예요.

수짱이가 말했습니다.

"눈금으로 표시하거나 돌멩이를 이용하는 것이 셈의 시작일 것이라 하셨는데, 그 당시 사람들도 손가락이 있었을 텐데요. 늑대세 마리를 셀 때에는 손가락으로 세는 것이 더 쉽지 않았을까요? 아이들이 물건을 셀 때 보통은 돌멩이보다는 손가락을 사용하잖아요. 저희도 그렇고요."

맞아요. 작은 수를 셀 때에는 손가락을 이용하는 것이 훨씬 편리했을 겁니다. 그러다가 큰 수를 셀 일이 생기면서 tally나 돌멩이 등을 이용해 표시하기 시작했고, 이후에 그것을 소리 내서 세기 위해서 '말'이 발달했을 거예요.

"드디어 하나, 둘, 셋이 탄생했어요!"

하하, 수돌이가 중요한 말을 해 줬네요. 하지만 처음부터 하나, 둘, 셋을 사용한 것은 아니에요. 초기에는 각각의 물체의 집합에 대해 다른 말로 불렀지요. 무슨 뜻이냐고요?

세 마리의 늑대와 세 마리의 양은 모두 숫자 '3'이잖아요? 그런데, 두 집합에는 수의 이름이 다르게 사용된 것이죠. 같은 '열 개'라도 그 집합을 이루는 물체가 무엇이냐에 따라 '열 개'에 해당하는 각각 다른 단어를 사용했답니다. 여러분은 아직 배우지 않았을 거예요. 영어에서는 같은 '두 개'라도 한 쌍의 신발에는 'pair'라는 말이 사용되지만, 한 쌍의 꿩에는 'brace'라는 말이 사용된답니다. 어떤 물건을 세느냐에 따라 다르게 말하던 흔적이 남아 있는 것이죠.

이처럼 하나, 둘, 셋이라고 세기까지는 오랜 시간이 걸렸어요. 여러분은 언제부터 수를 세기 시작했는지 기억하나요? 아기가 처음 수를 세기 시작하면 엄마들은 우리 아기가 천재인 것처럼 느낀답니다. 그건 정말 대단한 일이거든요. 인류도 돌멩이 세 개와 늑대 세 마리가 '3'이라는 공통의 성질이 있다는 사실을 인지하는 데에 긴 시간이 필요했어요. 사실 구체적인 물체들 속에서 수를 추상❷해내는 일은 동물들과 구별되는 인간만의 능력이랍니다.

❷ 추상 대상으로서의 속성 전체로부터 특정성질이나 공통징표를 분리하고, 골라내는 정신 작용을 말한다. 예를 들어 빨간 넥타이로부터 '빨강' 혹은 '형形'만을 추출抽出하는 것, 또 빨간 우체통, 잘 익은 토마토 등에서 공통적인 '빨강'을 골라내고, 적赤 · 청靑 · 황黃으로부터 '색色'을 배내는 것을 말한다.

"추상이라고 말씀하셨나요?"
예. '추상'에 대해 얘기하기 전에 잠깐 다른 얘기를 해 볼게요. 과연 동물들도 수를 알까요?

수돌이가 신이 나서 말했습니다.

"며칠 전에 TV에서 원숭이가 나오는 것을 본 적이 있어요. 원숭이에게 바나나를 주고 원숭이가 딴 곳을 보는 사이에 바나나 한 개를 숨겼거든요. 그런데 자신의 바나나 중에 하나가 없어진 것을 어떻게 알았는지 여기저기를 찾아보던데요. 이건 원숭이도 수를 안다는 뜻……?"

그래요, 단순한 TV 프로그램 속에도 수학을 발견할 수 있답니다. 그 속에서 수학을 찾아내서 생각을 넓혀 가는 수돌이가 진짜 수학자네요.

실제로 많게는 다섯 개 정도까지 수를 구별하는 동물들이 있다고 알려져 있어요. 새의 종류에 따라 다르지만 새들은 몇 개 정도까지는 자신의 알이 없어진 것을 알아챈다고 합니다.

까마귀에 얽힌 이야기를 들려 줄까요? 옛날 어느 귀족이 성 안의 탑에 둥지를 튼 까마귀를 없애려고 했어요. 그런데 이 까마귀는 어찌나 약삭빠르던지 사람이 까마귀를 잡으려고 탑으로 들어가면 멀리 날아갔다가, 사람이 탑에서 나오는 것을 지켜본 다음에야 돌아오곤 했답니다. 이런 일이 반복되던 어느 날, 귀족은 좋은 생각을 떠올렸어요. 두 명이 함께 탑 안으로 들어갔다가, 한 명은 남겨 두고 다른 한 명만 탑 밖으로 나오게 하는 것이었습니다. 까마귀가 사람이 나온 것으로 착각해서 탑으로 돌아올 때 남아 있던 사람이 까마귀를 잡을 계획이었죠.

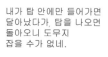

저 성탑 안의
까마귀를
잡아야
하는데….

내가 탑 안에만 들어가면
달아났다가, 탑을 나오면
돌아오니 도무지
잡을 수가 없네.

옳지! 좋은 방법이
생각났다. 지까짓 게
그래봤자 까마귀지.

(두 명이 들어갔다가 한 명이 나온다.)

까마귀는 숫자를
모르니까 내가
여깄는줄 모를 거야.

아무리 기다려도
까마귀 녀석이
돌아오질 않네.

사람을 네 명까지 늘려도
까마귀가 알아채고 성으로
돌아오지를 않네.

이대로 포기할 순 없어.
한 명만 더 해서 다섯 명이
들어갔다가 네 명이
나오도록 하자.

까악
까악!

잡았다!!
까마귀가 숫자를 다섯까지
헤아릴 수가 없지.

으악

그런데 이 영리한 까마귀는 사람들을 비웃듯이 두 명 모두 나오기를 기다린 다음에 탑으로 돌아오더랍니다. 악이 오른 귀족은 이번에는 세 명이 탑으로 들어가 두 명만 나오게 했어요. 그런데 이번에도 까마귀는 세 명 모두 나온 다음에 돌아왔다고 하네요. 귀족은 포기하지 않고 네 명이 들어갔다가 세 명만 나오게 했어요. 까마귀는 이번에도 속지 않았어요.

마침내, 다섯 명이 들어갔습니다. 한 명, 두 명, 세 명, 네 명이 나오자, 드디어! 까마귀가 탑으로 돌아왔습니다! 그리고 귀족은 까마귀를 잡을 수 있었죠.

이 이야기 속의 까마귀는 1, 2, 3, 4는 구별하지만, 4와 5를 구별하지 못하는 것이죠. 아무튼 까마귀가 4 이하의 수를 구별한다는 것을 알 수 있어요. 이렇게 몇몇 동물들은 작은 수에 한해서 수를 구별한다고 알려져 있답니다.

수짱이가 실망스럽다는 듯이 말했습니다.

"그러면 인류가 그렇게 오랜 시간이 걸려서 얻어 냈다고 하는 수를 동물들도 알고 있다는 건가요?"

하하, 수짱이가 좋은 질문을 했어요. 동물이 수를 아는 것과 사람이 수를 세는 것에는 중요한 차이점이 있답니다. 조금 전에 '추상'에 대해서 얘기했었죠. 동물들은 자신의 알이 세 개에서 두 개로 바뀐 사실은 알아도, 알이 세 개인 것과 둥지 옆의 나무 세 그루가 같은 '3'이라는 사실을 알 수 없어요. 인류가 음식물 등의 표시를 위해서 긁어서 표기하거나 돌멩이를 모았으며, 그것들을 말하기 위해서 소리를 냈다고 했죠? 물체들의 집합 각각을 세기 위해 각기 다른 소리를 사용하다가, 즉 세 마리의 늑대와 세 마리의 양을 세기 위해서 다른 소리를 내다가 그것들에서 '3'이라는 공통성질을 '추상'해낸 것은 비로소 인류가 수, 수학을 시작했다는 것을 의미하는 거랍니다.

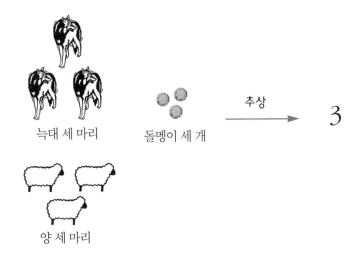

늑대 세 마리   돌멩이 세 개   추상 →   3

양 세 마리

아마도 우리가 사용하고 있는 수의 이름은 어떤 구체적인 물체들의 집합③을 가리키는 말이었을 거예요. 여러분! 영어로 5가 뭔지 아나요?

"five파이브요!"

그래요. five는 다섯을 나타내는데 그것 말고 '손, 주먹'이라는 뜻도 있답니다. '손가락 다섯 개'를 가리키는 말에서 '5개의 집합'을 가리키는 단어로 사용된 것이죠.

회장인 셈신이가 말했습니다.

"다들 추상이 뭔지 아직 잘 이해하지 못하는 것 같아요. 추상에 대해서 좀 더 말씀해 주시겠어요?"

다섯 마리의 늑대, 다섯 마리의 양, 다섯 개의 돌멩이, 다섯 개의 손가락……, 이들의 공통점이 뭐죠?

"다섯이요!"

"5요!"

그래요. 각각 다른 집합이지만 여기에는 '5'라는 공통점이 있어요. 이렇게 공통적인 성질을 이끌어 내는 것을 '추상'이라고 합니다. 이런 추상성은 수학의 가장 큰 특징 중의 하나예요. 예를 들어 상자, 주사위, 건물은 각기 다른 물체들이죠. 이들에게서 공통

된 성질만을 생각하면 직육면체[4]의 개념을 얻게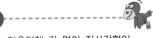
됩니다. 즉 구체적인 물체에서 직육면체라는 추
상화가 이루어진 겁니다.

직육면체 각 면이 직사각형인 평행육면체로, 직육면체의 마주 대하는 3쌍의 면은 평행이고 합동이다.

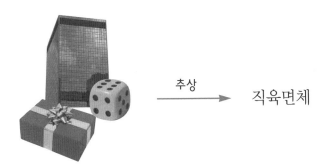

추상 ⟶ 직육면체

  원시 시대의 모습을 알아볼 때에는 문명사회와 접촉이 덜 된 부족들의 언어를 살펴보는 것이 도움이 됩니다. 물체의 집합을 가리키는 말이 그 수를 가리키는 말로 발전한 흔적이 보이는 예는 여러 가지가 있답니다. 말레이시아에서는 수 1, 2, 3을 '한 개의 돌, 두 개의 돌, 세 개의 돌' 이라고 하고, 자바에서는 '한 알의 곡식, 두 알의 곡식, 세 알의 곡식' 이라고 한다네요.

  수돌이가 신나서 말했습니다.

  "그럼 '난 베프가 세 명이다'를 말레이시아에서는 '난 베프가 세 개의 돌이다'라고 해야겠네요. 너무 웃겨요."

모두들 1, 2, 3을 가지고 말장난을 하느라 여기저기서 낄낄대
는 소리가 이어졌습니다.

"난 동생이 두 개의 돌이야. 넌 누나가 곡식 한 알이지?"
하하하, 어떤 원시 부족은 신체를 이용해 수를 나타내기도 한답
니다. 파푸아 부족의 성경에는 '어떤 사람은 한 사람, 양손, 5와 3
년 동안 아팠다'라고 번역한 구절이 있다고 해요. 이것은 원래
'어떤 사람은 38년 동안 아팠다'라는 뜻이라고 하네요. 즉 38이
라는 수가 '한 사람, 양손, 5와 3'으로 번역된 것인데, '양손'이
10을 가리키고, '한 사람'이 20을 가리키고 있어요. 어떻게 이런
말이 생겨났을지 상상이 가나요?

수돌이가 다시 자랑스럽게 대답했습니다.

"음……, 양손에는 손가락이 10개잖아요? 그러니까 양손은 10
을 나타내는 거죠. 그리고 한 사람의 손가락과 발가락을 합해서
20개니까 한사람은 20을 나타내는 거고요."

그래요. 수돌이가 아주 잘 설명했어요. 손가락 이름이 그대로 수를 가리키는 예는 여러 곳에서 살펴볼 수 있습니다. 남아메리카의 카마유라 부족은 '삼일 간'을 '가운뎃손가락 날들'로 부릅니다. 즉 가운뎃손가락이 3을 가리키는 말인 셈이죠.

수짱이가 말했습니다.

"구체적인 물체를 가리키는 말에서 수를 가리키는 말로 발전했다는 선생님의 말씀을 이해하겠는데요, 수는 무수히 많잖아요. 그 무수히 많은 수 모두에 각각 다른 물체의 이름을 붙이는 것은 불가능하지 않나요? 기억하는 것도 힘들고요."

네. 그렇습니다. 아까도 이야기했듯이 수를 신체를 이용해 표현하는 것은 여러 부족들에게서 발견되는 특징이랍니다. 지금 칠판에 적는 것은 파푸아 부족의 언어예요.

라이프니츠가 다음과 같이 칠판에 적었습니다.

원시 시대 사람들은 수를 표현하기 위해 눈금을 새긴 막대나 돌멩이를 이용했다고 했었죠? 그러나 그 방법은 막대나 돌멩이를 갖고 다녀야 해서 불편했을 거예요. 따라서 일부러 갖고 다닐 필요가 없는 신체를 이용해 수를 표현하게 되었을 거예요.

1 오른손 새끼손가락	12 코
2 오른손 약지	13 입
3 오른손 가운뎃손가락	14 왼쪽 귀
4 오른손 집게손가락	15 왼쪽 어깨
5 오른손 엄지손가락	16 왼쪽 팔꿈치
6 오른쪽 손목	17 왼쪽 손목
7 오른쪽 팔꿈치	18 왼손 엄지손가락
8 오른쪽 어깨	19 왼손 집게손가락
9 오른쪽 귀	20 왼손 가운뎃손가락
10 오른쪽 눈	21 왼손 약지
11 왼쪽 눈	22 왼손 새끼손가락

셈신이가 말했습니다.

"신체의 각 부분에 수를 대응시켜서 많이 편했겠네요. 하지만 손가락은 열 개뿐이고, 발가락까지 다 해도 스무 개이니 더 큰 숫자를 표현하려면 어려웠겠어요."

그래요. 문명과 접하지 않은 부족들 중에는 1과 2만을 구별하고 그 이후는 모두 '많다' 라고 말하는 경우가 있답니다. 원시 시대에도 처음에는 큰 수를 셀 일이 거의 없었겠죠. 하지만 문명이 발달하면서 큰 수가 필요해지고 음식물을 배분해야 하는 족장에게는 큰 수들의 이름을 외우는 것이 중요한 문제였을 거예요.

자, 이제 여러분들이 그 시대의 사람, 이왕이면 족장이라고 생각해 보세요. '문명이 어느 정도 발달해서 큰 수가 필요하고, 수의 명칭을 정해야 한다. 또 그것을 사람들에게 알려야 하고, 부족인들은 그것을 외워야 한다.'

족장으로서 어려움이 느껴지나요? 이 문제를 어떻게 해결해야 할까요?

활발하게 수업을 받던 아이들이 골똘히 생각에 잠겼습니다.

머리가 복잡한가요? 잠시 쉬고 다음 시간에 이 이야기를 계속하기로 해요.

첫번째
수업 정리

1 기수법이란 수를 적는 방법을 말합니다.

2 tally탤리란 원시 시대 사람들이 수를 세기 위해 벽이나 동물의 뼈, 나무막대에 선을 그어서 표시한 것을 말합니다. 현대에도 이런 tally의 흔적을 여러 곳에서 찾아볼 수 있습니다.

3 각각의 수를 표현하기 위해서 물체들을 이용했는데, 손가락을 이용한 원시 부족이 많았습니다.

4 인류가 수를 추상해낸 것이 수학의 시작이라고 할 수 있습니다. 세 마리의 늑대와 세 마리의 양은 각기 다른 집합이지만, '3'이라는 그들의 공통 성질을 추상할 수 있습니다.

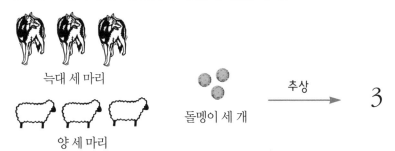

늑대 세 마리

양 세 마리

돌멩이 세 개

추상 →

3

기수법의 시작

기수법의 기본인 '묶어서 세기'를 통하여
n진법에 대해 알아봅니다.

두 번째 학습 목표

1. 수를 편리하게 적는 방법을 생각해 볼 수 있습니다.

2. n진법이 무엇인지 알 수 있습니다.

미리 알면 좋아요

n진법 다섯 개씩 묶어서 수를 표현하는 기수법을 5진법이라고 합니다. 세 개가 한 묶음이면 3진법이 됩니다. 즉 n개씩 묶어서 수를 표현하는 기수법을 n진법이라고 합니다.

라이프니츠의
두 번째 수업

지난 시간에 내가 낸 문제를 생각해 봤나요? 여러분들은 원시 시대의 족장입니다. 문명이 어느 정도 발달해서 큰 수가 필요하게 되었고, 그 수들의 명칭을 모두 정해야 하죠. 또 부족의 사람들에게 알려야 하고 부족민들은 그것들을 외워야 해요. 그런데 부족 사람들이 그 수를 모두 외워서 사용하는 데에는 한계가 있습니다.

지난 시간 마지막에 수짱이가 아주 골똘히 생각하던데, 해결책을 생각했나요?

수짱이가 대답했습니다.

"큰 수를 표현하는 것은 작은 수와는 다른 점이 있었을 것 같아요. 큰 수는 소리보다는 기록이 먼저 발달했을 것 같습니다."

수돌이가 알 수 없다는 듯이 말했습니다.

"무슨 말이야. 이해가 안 돼."

"수가 작을 때는 '한 개, 두 개' 처럼 말로 표현하는 것에 어려움이 없었겠지. 그런데 수가 커지면 수의 이름을 모두 외워서 말로 표현하는 것보다는 그림으로 그리는 것이 쉬웠을 거라고. '우리 부족의 어른은 23명이다' 라는 것을 말로 설명하기 위해서는 '23' 이라는 수를 표현해야 하고, 그러기 위해서는 23이라는 특정수를 가리키는 말이 있어야 하잖아. 그런데 간단하게 땅바닥에 어른 그림을 그리고, 동그라미 23개를 그리면 누구나 이해할 수 있지 않겠어? 이런 방식은 의사를 전달하는 데도 쓰였겠지만, 벽 같은 데 그리면 기록으로 남길 수도 있었을 거야."

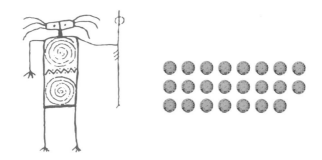

셈신이가 이어서 말했습니다.

"그림으로 큰 수를 표현할 수 있었고, 기록으로써의 가치도 있다는 수짱이의 의견에 동의해. 그런데 동그라미 스물세 개를 보고 23이라는 정확한 수를 알아채려면 동그라미를 모두 세어야 하잖아. 한번 해 볼까?"

셈신이는 칠판에 동그라미 23개를 그리고 세기 시작했습니다.

"하나, 둘, 셋, 넷, 다섯, 여섯, 일곱, 여덟, …, 스물, 스물 하나, 스물 둘, 스물 셋! 헥헥……, 어때? 23까지 세기 위해서는 23까지의 수 이름을 모두 알고 있어야 한다고. 큰 수를 표현하려면 단순히 적고 기록하는 것 외에도 특별한 장치가 필요했을 거야. 그건 바로 '묶어서 세기' 지."

수돌이가 역시나 알 수 없다는 듯이 물었습니다.

▨ 기 수 법 의 시 작

"묶어서 세기는 또 무슨 말이야?"

"잘 들어 봐. 묶어서 세기는 말이야, 모든 수의 이름을 다 정하는 게 아니야. 예를 들어 하나부터 다섯까지는 명칭을 정해. 다섯 개뿐이니 어렵지 않겠지? 그리고 여섯은 이름을 따로 정하지 않는 거야. '다섯과 하나' 라고 말하는 거지. 여덟은 '다섯과 셋' 이 되는 거고.

부족민들은 하나부터 다섯까지의 이름만 알면, 다른 수들을 외울 필요가 없는 거야. 이런 방식은 말로써의 수뿐만 아니라, 기록하는 데에도 이용할 수 있어."

라이프니츠가 들려주는 기수법 이야기

셈신이가 칠판에 그림을 그렸습니다.

"우리 부족 어른이 23명인 것은 이렇게 표현할 수 있지."

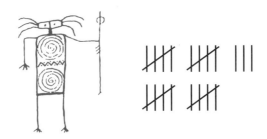

아주 훌륭해요. 여러분이 중요한 두 가지를 이야기했네요. 말을 대신해서 그림으로 수를 표현한다는 것은 수를 적는 것, 즉 '숫자'의 출현을 의미해요. 그리고 묶어서 세기는 바로 '기수법'의 시작을 뜻하죠.

자, 이제 다시 한번 부족장이 되어 볼까요? 큰 수가 필요해진 부족장은 '숫자'란 것이 표현하고 기록하기에도 편리하다는 것을 알게 되었어요. 그래서 이제 부족을 위해 '숫자'를 만들려고 해요. 어떻게 만들어야 쉬우면서도 편리하게 이용할 수 있을까요?

돈 얘기를 좀 해 볼게요. 알뜰한 수돌이는 10원짜리를 모았답니다. 길을 가다가도 땅에 떨어진 10원짜리를 보면 얼른 주워서 주머니에 넣고, 심부름을 하고도 늘 '십 원만 주세요'라고 했어요.

요즘 사람들은 10원짜리를 대수롭지 않게 생각하잖아요? 어른들도 부담스럽지 않게 10원짜리를 주셨어요.

그러던 어느 날 모아 둔 10원짜리를 세어 보니 12770원이 되었어요. 10원짜리가 1277개나 모인 거죠.

그런데 10원짜리를 1277개나 갖고 있으려니 무겁기도 하고, 이 돈이 제대로 있는지 확인하는 것도 번거로웠답니다. 그래서 일단 수돌이는 10원짜리를 다섯 개씩 쌓아 봤어요. 몇 무더기가 되었을까요?

"제가 언제 10원만 달라고 했어요! 히히. 아무튼 12770원을 50원으로 나누면 몫이 255고 나머지가 20이에요. 그러니까 10원짜리를 쌓은 기둥 255개가 생기고 20원이 남아요."

그렇죠? 식으로 표현하면 다음과 같아요.

12770원 ÷ 50원 = 255개 ⋯ 20원

즉 12770원 = 50원 × 255개 + 20원

그런데 책상 위에 10원짜리 기둥들을 바라보니, 그 기둥 255개를 세는 것도 만만찮은 일이었어요. 그래서 10원짜리가 5개 쌓여 있는 기둥을 50원짜리 동전 한 개로 바꾸기로 했습니다. 기둥 255개를 모두 50원짜리로 바꾸고 나니, 수돌이의 돈은 50원짜리 255개와 10원짜리 두 개가 되었답니다. 금액은 여전히 50원×255개 +10원×2개=12770원이지요.

12770원이 모두 10원짜리일 때보다 훨씬 간단해지기는 했지만, 50원짜리 255개를 센다는 것은 여전히 번거로운 일이었어요. 그래서 이번에는 50원짜리를 두 개씩 묶어서 100원짜리로 바꾸기로 했습니다.

12770원=100원×127개+50원+20원이므로 이제 수돌이는 100원짜리 127개와 50원짜리 한 개, 10원짜리 두 개를 갖고 있게 되었어요.

그런데 여전히 100원짜리 127개는 너무 많네요. 또다시 100원짜리 다섯 개를 묶어서 500원짜리로 바꿔 볼까 생각하던 수돌이의 머리에 번뜩하고 떠오르는 게 있었어요.

10원짜리 5개 묶음을 50원짜리로, 50원짜리 2개 묶음을 100원짜리로, 100원짜리 5개 묶음을 500원짜리로…, 이런 식으로 작은 돈에서 큰돈으로 바꾸는 것보다는 처음부터 12770원을 큰돈으로 쪼개 보는 거예요. 12770원보다 작으면서 가장 큰돈의 단위는 만 원이죠. 그러면 12770원=10000원+2770원이니까 우선, 10원짜리 1000개, 즉 10000원은 만 원짜리 지폐로 바꿉니다. 이제 12770원은 만 원짜리 지폐 한 장과 2770원이 남았지요. 다시 2770원보다 작으면서 가장 큰 돈의 단위는 천 원이고, 2770원=1000원×2개+770원이니까, 2770원 중 2000원은 천 원짜리 지폐 두 장으로 바꿉니다.

이제 770원이 남았죠? 다시 770원보다 작으면서 가장 큰돈의 단위는 500원이니까, 770원은 500원짜리 동전 한 개와 270원이 돼요. 270원은 다시 100원짜리 2개와 70원이 되고, 70원은 50원짜리 한 개와 10원짜리 두 개가 되는 거죠.

정리하면,

12770원

= 10000원×1장+2770원

= 10000원×1장+1000원×2장+770원

= 10000원×1장+1000원×2장+500원×1개+270원

= 10000원×1장+1000원×2장+500원×1개+100원×2개+70원

= 10000원×1장+1000원×2장+500원×1개+100원×2개+50원

   ×1개+10원×2개

이제 수돌이는 10원짜리 동전 1277개 대신, 만 원짜리 지폐 한

10원짜리 동전으로만 있던 12770원을
만 원짜리 한 장이랑 천 원짜리 두 장,
500원짜리 동전 한 개, 백원짜리 동전 2개,
50원짜리 동전 한 개, 그리고 십 원짜리
동전 두 개로 하니까 훨씬 가볍고
계산하기 편해.

장, 1000원짜리 지폐 두 장, 500원짜리 동전 한 개, 100원짜리 동전 두 개, 50원짜리 동전 한 개, 10원짜리 동전 두 개를 갖게 되었답니다.

내 돈이 제대로 있는지 확인하기 위해서 매번 10원짜리 동전 1277개를 세는 것보다 단위가 다른 돈으로 갖고 있는 것이 세기 쉽고, 갖고 있기 편하다는 것을 알겠나요?

기수법도 마찬가지예요. 앞에서 '묶어서 세기'가 기수법의 기본이라고 했지요? 앞의 과정이 여러분 부족의 숫자를 만드는 데에 도움이 되었으면 좋겠네요. 자, 이제 시간을 줄 테니 본격적으로 자신만의 숫자를 만들어 보세요.

고민하는 아이들……, 괴로워하는 수돌……, 어느 정도의 시간이 흘렀습니다.

▨묶어서 세기의 발전

자, 모두들 숫자를 만든 것 같네요. 누가 먼저 발표해 볼까요?

수짱이가 자신만만하게 앞으로 나갔습니다.

"제가 해 볼게요. 아까 셈신이가 '묶어서 세기'를 이용해서 23
을 이렇게 표현했었죠.

$$\cancel{||||} \quad \cancel{||||} \quad \cancel{||||} \quad \cancel{||||} \quad |||$$

표시하기도 쉽고 알아보기도 쉬웠어요. 그런데 수가 더욱 커지
면 이것도 불편하기는 마찬가지예요. 예를 들어 304를 나타내려
면 $\cancel{||||}$ 이 60개가 있어야 하죠. 이 숫자를 알아보는 것은 여전히
어려워요. 처음에 동그라미만을 이용해 수를 표현했던 때와 마
찬가지죠. $\cancel{||||}$ 을 60개나 세어야 하니까요."

묶어서 세기도 숫자가 커지니까
알아보기가 결코 쉽지 않네.

그럼 수짱이는 그런 단점을 어떻게 극복했나요?

수짱이가 칠판에 자신의 숫자를 적었습니다.

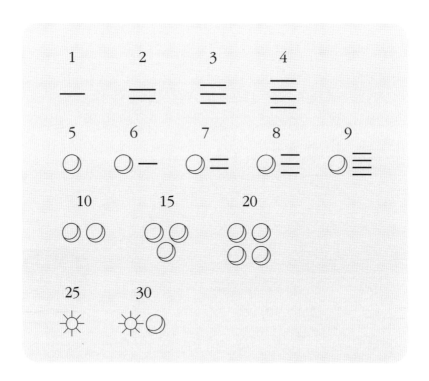

"1에서 4까지는 알아보기 쉽게 막대기를 하나씩 늘려가요. 그리고 5는 달을 형상화한 그림이랍니다. 외우기 쉬운 숫자를 만들려면 주변에 있는 자연을 형상화하는 것이 좋겠다는 생각이에요. 여기까지는 아까 만든 셈신이의 숫자와 다를 게 없지요.

라이프니츠가 들려주는 기수법 이야기

하지만 5가 다섯 개, 그러니까 25가 되면 해 그림으로 나타내요. 해가 다섯 개가 되면 다시 다른 모양을 만들고……, 수가 커질수록 이런 방식으로 반복하는 거죠. 소리로 말하는 수의 명칭도 하나부터 넷까지만 정하면 그 이후의 수는 5는 '달', 25는 '해' 등으로 말하면 되고요."

수짱이가 정말 놀라운 생각을 했네요. 수짱이의 숫자로 많은 것을 이야기할 수 있겠어요. 우선 수짱이의 숫자는 다섯 개씩 묶어서 세었습니다. ──가 1을 나타내고 이 선이 한 개씩 늘어갈 때마다 숫자가 하나씩 증가해요. 그것이 다섯 개가 되면 ≡ 대신 ◯로 표현하고 있네요. 이제 20을 표현하기 위해서 ──를 20개 그리는 대신 ◯ ◯ ◯ ◯로 표현하면 되는 것이죠. 표현하기도 쉽고, 알아보기도 쉽죠? 그러면 23은 어떻게 표현할까요?

수돌이가 얼른 앞으로 나와 칠판에 그렸습니다.

◯ ◯ ◯ ◯ ≡

잘했어요. 이제 좀 더 큰 수를 표현해 볼까요? 102를 써 볼게요.

우선 다섯 개씩 묶어서 세면 102 = 5×20+2이니까, 스무 개의 달과 막대기 두 개로 표현하면 되겠네요.

◖◖◖◖◖◖◖◖◖◖◖◖◖◖◖◖◖◖◖◖
◖◖◖═

그런데 달 스무 개는 그리는 것도 어렵고 그 수를 알아보는 것도 힘들겠지요. 여기서 수짱이 숫자의 위력이 발휘되니까 잘 보세요. '다섯 개씩 묶어서 세기'를 ◖₅에도 적용하는 것입니다. 그래서 20은 20 = 5×4이므로 ◖◖◖◖로 표현하지만, ◖이 다섯 개, 즉 25가 되면 ◖로 표현하는 것이 아니라 ☼로 표현하는 거예요. 102는 102 = 5×20+2이니까, 스무 개의 달과 막대기 두 개와 같고, 다시 스무 개의 달을 5개씩 묶으면 네 개의 해로 표현할 수 있죠.

$102 = 5 \times 20 + 2$

$\quad = $ ◖◖◖◖◖◖◖◖◖◖◖◖◖◖◖

◖◖◖◖◖═

$= $ ☼ ☼ ☼ ☼ ═

☀ 25를 기준으로 다시 생각하면, 102 = 25 × 4 + 2이니까 102 = ☀ ☀ ☀ ☀ ═ 가 되겠죠.

그러면 113도 해 볼까요? 113 = 25 × 4 + 5 × 2 + 3이니까, ☀ 가 네 개, ◯ 이 두 개, ─ 가 세 개가 되겠죠?

즉 ☀ ☀ ☀ ☀ ◯ ◯ ≡ 로 표현할 수 있어요.

이렇게 수짱이의 숫자는 다섯 개씩 묶어서 세기를 기본으로 하고 있어요. 막대기가 다섯 개가 되면 달이 되고, 달이 다섯 개가 되면 해가 되고, 해가 다섯 개가 되면 구름이 되는 일이 반복되는 형식이죠. 이런 방식을 5진법이라고 해요. 앞에서 기수법이란 수를 적는 방법이라고 했죠? 5진법은 한 단위가 다섯이 되면 다른 단위로 높아지는 기수법을 말합니다.

그럼 만약 세 개가 되면 한 단위씩 높아지는 기수법이 있다면, 뭐라고 부를까요?

"3진법이요!"

맞아요. 3진법이란 세 개씩 묶어서 세기를 기본으로 하는 거예요. 마찬가지로 두 개씩 묶어서 세기라면 2진법, 여섯 개씩 묶어서 세면 6진법, 열두 개씩 묶어서 세기라면 12진법이라고 부를 수 있겠죠.

이제 3진법을 한번 생각해 볼까요? 수짱이 숫자의 표현법을 계속 쓸게요. 우선 1은 막대기 하나, 2는 막대기 두 개로 표현하는 것은 같아요. 그런데 세 개가 되면 ≡가 아니라 한 단위를 높여서 ◯로 표현합니다. 이제 ◯은 다섯을 나타내는 것이 아니라 셋을 나타내는 숫자인 셈이죠. 그러면 4 = 3 + 1이므로 4라는 숫자는 ◯ —로 적을 수 있고, 6은 3이 두 개니까 ◯ ◯로 적으면 되겠지요. 8은 3×2 + 2이니까 ◯ ◯ ≡로 표현해요.

그럼, 따라서 9 = 3×3이므로 ◯ ◯ ◯일까요? 세 개가 되면 한 단위씩 높아진다고 했죠? 따라서 9는 ◯ ◯ ◯대신 ☀로 표현할 수 있어요. 10 = 3×3 + 1 = 9 + 1이므로 ☀ —이고, 23 = 9×2 + 3×1 + 2이니까 ☀ ☀ ◯ ≡로 적습니다.

똑같은 방식으로 4진법, 6진법, 7진법, 20진법 등 모든 기수법을 만들 수 있어요. 수짱이 덕분에 기수법을 확실히 안 것 같지 않나요? 사실 수짱이가 생각해낸 숫자의 표현 방법은 인류 역사에서 오랫동안 이용되던 방식이랍니다. 이에 대해서는 다섯 번째 시간에 본격적으로 공부할 예정이고요.

셈신이가 말했습니다.

"선생님의 설명을 듣고 보니, 제가 만든 숫자도 5진법이네요. 선생님이 수짱이의 방식으로 다른 기수법을 만드신 것처럼 제 숫자도 다른 기수법으로 쉽게 변형하여 활용할 수 있을 것 같아요."

셈신이의 숫자도 정말 기대되는걸요. 우리 잠시 쉬었다가 다음 시간에 셈신이의 숫자 이야기를 들어 볼까요?

두번째
수업 정리

❶ 기수법의 시작은 묶어서 세기입니다. ||||||||||||||||||| 보다는 |||| |||| |||| |||| ||| 이 23을 표현할 때 적합합니다.

❷ 묶어서 세기를 본격적으로 적용하면 더 큰 수도 편리하게 표현할 수 있습니다. 5를 ▆로 표현하는 대신 ◯로 적기로 정했다면, 32는 ▆▆▆▆▆▆▆━ 대신 ◯◯◯◯◯◯◯◯ ◯━로 적는 것이 더 편리합니다. 묶어서 세기를 또다시 적용하여 ◯다섯 개를 ☼로 적기로 정하면, 32는 ☼◯━로 간단히 표현할 수 있습니다.

❸ 다섯 개씩 묶어서 수를 표현하는 기수법을 5진법이라고 합니다. 세 개가 한 묶음이면 3진법이 됩니다. 즉 n개씩 묶어서 수를 표현하는 기수법을 n진법이라고 합니다.

위치기수법

위치기수법이란 무엇일까요?
현재의 숫자는 십진 위치기수법을 따릅니다.

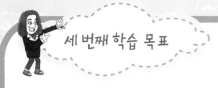

세 번째 학습 목표

1. 위치기수법의 뜻과 편리함을 알 수 있습니다.

2. 위치기수법의 각 자리의 의미를 알 수 있습니다.

3. 현재 우리가 사용하는 숫자에 대해 알 수 있습니다.

라이프니츠의
세 번째 수업

자, 이제 셈신이의 숫자 이야기를 들어 볼까요?

"제 숫자도 다섯 개씩 묶어서 세기를 기본으로 하고 있어요. 즉 5진법이죠. 그런데 묶음마다 ◯이나 ☀ 등으로 이름을 붙이지 않고 아예 상자에 넣었어요. 상자 안에는 막대기가 네 개까지 들어갈 수 있고요. 다섯 개가 되면 상자 안에 넣지 못합니다. 즉 1부터 4까지는 첫 번째 상자에 넣어서 $\boxed{/}$ $\boxed{//}$ $\boxed{///}$ $\boxed{////}$ 로 표현하
1 2 3 4

죠. 그러다가 다섯 개가 되면 두 번째 상자로 넘겨서 막대기 하나를 넣어요. ⃞ /⃞ 즉 오른쪽 첫 번째 상자에 있는 막대기는 1이지만, 두 번째 상자 안의 막대기는 5를 뜻합니다. 이렇게 두 번째 상자도 꽉 차면 세 번째, 네 번째 상자로 넘어가는 방식이에요. 이런 방식으로 아주 큰 수도 편하게 쓸 수 있어요. 수짱이의 방식이 기발하기는 하지만 아주 큰 수를 표현하기 위해서는 그만큼 많은 자연물을 미리 정하고 외워야 하는 단점이 있거든요.”

다시 한 번 여러분의 능력에 놀랐어요. 수짱이의 발상도 뛰어났는데, 셈신이의 숫자도 정말 놀라워요. 수짱이의 숫자를 통해 기수법이란 무엇인가를 살펴보았고, 이번에는 셈신이의 숫자로 기수법의 발달을 공부할 수 있겠어요.

▨ 위 치 기 수 법

수짱이 숫자의 방식은 인류역사상 오랜 기간 동안 여러 지역에서 사용되었어요. 그러다가 사회가 더욱 발달하면서 복잡하고 큰 수를 쓸 일이 많아졌습니다. 수짱이의 숫자에는 1 = ━, 5 = ◯, 25 = ☼ 가 사용되었지요? 더 큰 수를 표현하기 위해서는 해 다섯 개, 즉 $25 \times 5 = 125$를 표현할 그림도 필요합니다. 그것을 ◠

라이프니츠가 들려주는 기수법 이야기

구름으로 적기로 하죠. 이제 ━1, ◯5, ☼25, ◯125까지 숫자로 등장했다고 합시다. 이 숫자로 613을 표현해 볼까요?

613 = 125 × 4+25 × 4+5 × 2+3이니까, ◯네 개, ☼네 개, ◯두 개, ━세 개로 표현할 수 있겠죠? 그러면 613은 다음과 같이 되겠죠.

◯◯◯◯ ☼☼☼☼ ◯◯ ☰

어떤가요? 동그라미 613개를 그리는 것보다는 훨씬 간단하지만, 복잡한 계산이 많이 필요한 시대에 이런 숫자는 불편한 점이 한두 가지가 아니었겠죠.

이제 셈신이의 숫자를 살펴보죠. 셈신이의 숫자는 막대기를 서로 다른 상자에 넣어서 단위가 다른 수를 표현하고 있어요. 상자는 일렬로 붙어 늘어서 있고요. ▭▭▭▭

각 상자에는 막대기가 최대 네 개까지 들어갈 수 있죠. 5진법은 다섯 개씩 묶어서 세기가 기본이므로 막대기가 다섯 개 모이는 순간 한 묶음이 되어 더 높은 단위의 상자 속 막대기로 대체되는 거예요. 마치 10원짜리 다섯 개를 50원짜리가 대체하는 것처럼 말이죠. 다만 셈신이의 숫자가 수짱이의 숫자나 동전과 다른 점은 막대기 다섯 개를 대체하기 위해서 높은 단위를 표현할 다른 물체가 등장하는 게 아니라, 다섯 개의 막대기를 대체할 하나의 막대기를 다른 상자에 넣는다는 것이죠.

가장 오른쪽부터 첫 번째 상자로 부르기로 하면, 같은 막대기이지만 첫 번째 상자 안의 막대기는 1을 뜻하고, 두 번째 상자 안의 막대기 하나는 5를 뜻해요. 그러면 세 번째 상자 안의 막대기 하나는 얼마를 나타낼까요?

두 번째 상자 속에도 막대기는 네 개까지 들어갈 수 있고 그 안의 막대기 하나는 5를 뜻하죠. 따라서 5인 막대기 네 개가 되면 20을 표현합니다. 이 두 번째 상자 속의 막대기 다섯 개는 세 번째 상자 속의 막대기 하나가 됩니다. 즉 세 번째 상자 속의 막대기 하나는 25를 의미해요.

이제 네 번째 상자 안의 막대기 하나는 무엇을 의미하는지 예상할 수 있겠죠? 그래요. 네 번째 상자 안의 막대기 하나는 세 번째 상자 안의 막대기 다섯 개 묶음을 의미합니다. 즉 25를 의미하는 막대기×5개인 125를 뜻해요.

이제 구체적인 예를 들어 보죠. 1, 2, 3, 4는 셈신이가 설명한 대로 다음과 같이 적을 수 있어요.

1 $\boxed{/}$ 2 $\boxed{//}$ 3 $\boxed{///}$ 4 $\boxed{////}$

그런데 한 상자 안에 막대기는 최대 네 개까지 들어가니까 5를 표현하기 위해서는 첫 번째 상자 안에 막대기 다섯 개를 넣는 대신에 두 번째 상자 안에 막대기 하나를 넣는 거죠. $\boxed{/\;\;}$

그럼 7은 $\boxed{/\;//}$로 표현할 수 있겠죠?

24 = 5 × 4 + 4 이니까 $\boxed{////\;////}$으로 적을 수 있어요.

25는 5 ×5이니까 두 번째 상자 안에 막대기 다섯 개로 표현할까요? 아니죠. 각 상자 안에는 막대기가 최대 네 개까지 들어갈 수 있다는 것을 명심하세요. $\boxed{/\;\;\;}$처럼 세 번째 상자 안에 막대기 하나로 표현합니다. 여러 수를 셈신이의 숫자로 나타내 보죠.

82 : $\boxed{///\;/\;//}$

$\qquad$ 82 = 25×3 + 5×1 + 2

113 : $\boxed{////\;//\;///}$

$\qquad$ 113 = 25×4 + 5 × 2 + 3

317 : $\boxed{//\;//\;///\;//}$

$$317 = 125 \times 2 + 25 \times 2 + 5 \times 3 + 2$$

613 : ⊟

$$613 = 125 \times 4 + 25 \times 4 + 5 \times 2 + 3$$

마지막 수 ⊟ 을 살펴보세요. 613이지요? 아까 수짱이의 숫자로 표현한 613과 비교해 봅시다.

수짱이의 613 : ◇◇◇◇◇☼☼☼☼○○≡

셈신이의 613 : ⊟

큰 수일수록, 그리고 계산이 복잡해질수록 셈신이 숫자의 위력은 더 커집니다. 셈신이 숫자와 수짱이 숫자의 다른 점을 살펴볼까요? 수짱이 숫자는 다섯 개 묶음이 만들어질 때마다 ○, ☼ 등의 새로운 그림을 만들어서 나열함으로써 수를 표현합니다. 하지만 셈신이 숫자는 다른 상자에 막대기를 넣음으로써 수를 표현하고 있죠.

즉 수의 단위가 높아지면 같은 그림을 다른 '위치'에 놓음으로써 큰 수를 표현합니다. 이런 기수법을 위치기수법이라고 해요. 이것은 수의 역사에서 획기적인 발전이었습니다. 무수히 많은 수

를 위치기수법을 이용하면 모두 표현할 수 있거든요. 이는 인류가
오랜 시간에 걸쳐 얻어낸 것이에요. 그리고 셈신이 숫자에는 대단
한 점이 한 가지 더 있답니다. 그것은 잠시 후에 얘기하기로 하죠.

이번에는 셈신이의 위치기수법을 이용해서 다른 진법을 표현해
볼까요?

- 이 다섯 개가 모이면 반달이 되고 반달이 5개가 모이면 태양이 됩니다.

하지만 5진법은 10진법에 비하면 너무 어려워.

물론 10진법이 쉽지만 여러분들은 이미 7진법과 60진법도 능숙하게 하고 있습니다.

5진법도 어려운데 우리가 7진법과 60진법을 한다고요?

너 아냐?

몰라!

일주일은 7일이고 1시간은 60분인데 여러분들은 달력도 잘 보고 누구도 시간을 보는 데 어려움이 없잖아요.

수짱이가 손을 들었습니다.

"제가 7진법을 해 볼게요. 일렬로 붙어 있는 상자들이 있고요, 7진법이니까 7개씩 묶어서 세기가 기본이에요. 첫 번째 상자부터 막대기를 넣는데 막대기가 7개가 되는 순간, 그 묶음을 하나의 막대기로 바꿔서 높은 단위의 상자에 넣으면 돼요. 따라서 각 상자에는 막대기가 최대 6개까지 들어갈 수 있답니다. 첫 번째 상자 속의 막대기는 1을 의미하고, 두 번째 상자의 막대기 하나는 첫 번째 상자 속의 막대기 7개를 대체하는 것이니까 7을 나타내요.

두 번째 상자에는 7을 의미하는 막대기가 역시 최대 여섯 개가 들어갈 수 있고요. 두 번째 상자 속의 7을 뜻하는 막대기가 일곱 개 되는 순간 세 번째 상자 속의 막대기 하나로 바뀌죠. 즉 세 번째 상자 속의 막대기 하나는 7을 의미하는 막대기×7개＝49를 뜻해요. 이제 네 번째 상자 속의 막대기 하나는 세 번째 상자 속의 막대기, 즉 49가 7개 모인 343을 의미하는 거죠."

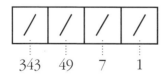

"이 방식으로 여러 숫자를 나타내 볼게요."

6 : □//////

8 : □/ / □

$$8 = 7 \times 1 + 1$$

32 : □//// //// □

$$32 = 7 \times 4 + 4$$

285 : □//// //// //// □

$$285 = 49 \times 5 + 7 \times 5 + 5$$

750 : □// / // / □

$$750 = 343 \times 2 + 49 \times 1 + 7 \times 2 + 1$$

묶음이 만들어질 때마다 새로운 그림을 그리는 것이 아니라 다음 상자에 막대기를 넣는 것을 위치기수법이라고 한답니다.

6:

8: (8=7×1+1)

32: (32=7×4+4)

3586이라면 3은 천의 자리, 5는 백의 자리, 8은 십의 자리, 6은 일의 자리로 각 자리수의 위치가 정해져 있다는 얘깁니다.

천의 자리 십의 자리

3 5 8 6

백의 자리 일의 자리

아주 잘했어요. 이제 반대로 셈신이가 숫자로 표현한 수를 보고 그 수가 얼마를 나타내는지 알아보겠습니다. 다음은 셈신이 네 부족의 어느 벽면에 쓰인 내용이에요.

아마도 이 부족의 어른이 몇 명인지를 적어 놓은 내용 같죠?

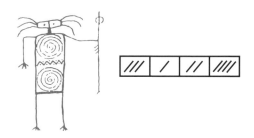

　여러 가지 조사를 통해서 셈신이네 부족은 5진법을 사용했다는
것을 알아냈어요. 다시 숫자의 오른쪽부터 첫 번째라고 합시다.
첫 번째 상자 속의 막대기 하나는 1을 의미하고, 두 번째 상자 속
의 막대기 하나는 5, 세 번째 상자 속의 막대기 하나는 5×5인 25,
네 번째 상자 속의 막대기 하나는 25×5인 125를 의미해요.

　첫 번째 상자 속에 막대기 네 개가 있으므로 첫 번째 상자 안에
는 4가 쓰여 있네요. 두 번째 상자에는 5를 의미하는 막대기가 두
개 있으니까 5×2, 즉 10이 쓰여 있어요. 세 번째 상자 속에는 25
를 의미하는 막대기 하나가 있으니까 25가 쓰여 있고, 네 번째 상
자 안에는 125를 의미하는 막대기 세 개가 있으니까 125×3=375
가 쓰여 있습니다.

　즉 5진법 수 $\boxed{/// \ / \ // \ ////}$ = 125×3+25×1+5×2+1×4

$$= 375+25+10+4$$

$$= 414$$

셈신이의 5진법 수 $\boxed{/// \ / \ // \ ////}$ 는 현대인이 사용하는 숫자

라이프니츠가 들려주는 기수법 이야기

414를 의미하는 거랍니다.

그럼 7진법 수 $\boxed{// \,|\,|\,|\,|\,|\,|\,|\,|}$ 가 얼마를 의미하는지 생각해 볼래요?

수돌이가 눈을 반짝이며 말했습니다.

"오른쪽부터 첫 번째 상자라고 할 때, 첫 번째 상자 속의 막대기 하나는 1, 두 번째 상자 속의 막대기 하나는 7, 세 번째 상자 속의 막대기 하나는 7×7인 49를 나타내요. 따라서

7진법 수 $\boxed{// \,|\,|\,|\,|\,|\,|\,|\,|}$ $= 49 \times 2 + 7 \times 5 + 1 \times 6$

$\qquad\qquad\qquad\quad = 98 + 35 + 6$

$\qquad\qquad\qquad\quad = 139$

이고, 7진법 수 $\boxed{// \,|\,|\,|\,|\,|\,|\,|\,|}$ 는 오늘날의 숫자로 139가 되는 거죠."

그래요. 아주 잘했어요. 자, 이제는 본격적으로 현대의 숫자를 공부해 볼게요. 먼저 거듭제곱을 알아보죠.

"거듭제곱이요?"

예를 들어, 3×3은 3^2으로 표현할 수 있고, 이것을 '3의 제곱'이라고 읽기로 해요. 3×3×3×3은 3^4로 표현할 수 있고, 이것은 '3의 네제곱'이라고 읽으면 됩니다. 마찬가지로,

$5 \times 5 \times 5 = 5^3$

$5 \times 5 \times 5 \times 5 \times 5 \times 5 = 5^6$

$10 \times 10 \times 10 \times 10 = 10^4$

으로 나타낼 수 있죠.

셈신이의 숫자를 다시 한 번 살펴볼까요.

$\boxed{// \mid /// \mid //// \mid ///}$

5진법 수 $\boxed{// \mid /// \mid //// \mid ///}$ = $2 \times 125 + 3 \times 25 + 4 \times 5 + 3 \times 1$

이라고 했었죠. 이 식을 다시 써 보면,

5진법 수 $\boxed{// \mid /// \mid //// \mid ///}$ = $2 \times (25 \times 5) + 3 \times (5 \times 5) + 4 \times 5 + 3 \times 1$

$= 2 \times (5 \times 5 \times 5) + 3 \times (5 \times 5) + 4 \times 5 + 3 \times 1$

$= 2 \times 5^3 + 3 \times 5^2 + 4 \times 5 + 3 \times 1$

이 되는 거죠.

이제 셈신이 숫자의 각 상자에 이름을 붙여 볼게요. 5진법 수라면 제일 오른쪽 상자부터 1의 자리, 5의 자리, 5^2자리, 5^3자리,

라이프니츠가 들려주는 기수법 이야기

··· 라고 해요.

5^3 자리 5^2 자리   5의 자리   1의 자리

각 상자에 있는 막대기 하나가 나타내는 수를 그대로 얘기해 주면 됩니다. 다른 진법 수의 상자에도 이름을 붙여 봐요.

2진법 수 :

2^3자리 2^2자리   2의 자리   1의 자리

10진법 수 :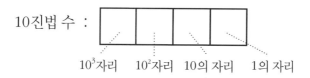

10^3자리 10^2자리   10의 자리   1의 자리

12진법 수 :

12^3자리 12^2자리   12의 자리   1의 자리

7진법 수 :

7^3자리 7^2자리   7의 자리   1의 자리

▨현대의 숫자

이제 셈신이의 10진법 수 ▭가 얼마를 의미하는지 알아볼까요?

$$셈신이의\ 10진법\ 수\ ▭ = 2 \times 10^3 + 3 \times 10^2 + 2 \times 10$$
$$+ 4 \times 1$$
$$= 2000 + 300 + 20 + 4$$
$$= 2324$$

가 되네요. 자, 뭔가 눈치 챘나요?

수짱이가 말했습니다.

"현재 우리가 사용하고 있는 숫자와 완전히 일치하네요! 숫자의 모양만 다를 뿐, 셈신이의 10진법 수는 현대의 숫자하고 같아요. 우리는 10진법을 사용하고 있었어요."

셈신이가 말했습니다.

"또 우리는 위치기수법을 사용하고 있는 거네요."

그래요. 현대인이 사용하는 숫자는 10진법, 그리고 위치기수법을 따르고 있어요. 그럼 셈신이의 10진법 수와 현대의 숫자는 어떤 점에서 다른가요?

수돌이가 말했습니다.

"셈신이의 숫자는 막대기로 수를 나타내는데, 현대의 수는 1부터 9까지의 다른 모양의 숫자가 있어요."

셈신이의 숫자	현대의 숫자
/	1
//	2
///	3
⋮	⋮
/////////	9

맞아요. 셈신이의 숫자는 막대기의 개수로 수를 표현해요. 수를 배운 적이 없는 사람도 ///가 셋을 의미한다는 것을 쉽게 유추할 수 있겠죠? 셈신이의 숫자는 쉽게 익히고 쉽게 표현할 수 있다는 장점이 있겠네요.

반대로 현대의 숫자 1~9는 숫자를 배운 적이 없는 사람이 처음 봤을 때 그 수를 전혀 짐작할 수 없는 모양을 하고 있죠? 현대인들은 왜 배우고 표현하기가 쉬운 막대기나 동그라미 대신 현재의 숫자를 사용하게 되었을까요? 그리고 많은 진법 중에서 10진법을 사용하게 된 이유도 생각해 보죠.

수짱이가 말했습니다.

"어린아이들은 수를 셀 때 손가락을 이용하잖아요? 지금도 간단한 수를 셀 때는 손가락을 쓰고요. 왼손과 오른손을 합해서 열 개가 될 때까지는 어려움이 없이 수를 셀 수 있어요. 하지만 그 이후가 되면 꼽은 손을 편다든가, 다른 수단을 써야 해요. 이런 사실이 10진법을 사용하게 된 배경이 아닐까요?"

셈신이가 말했습니다.

"손가락을 이용한 셈이라면 5진법도 발달했을 거예요. 그런데 같은 수를 5진법을 이용해서 표현하려면 훨씬 길게 써야 하죠.

라이프니츠가 들려주는 기수법 이야기

5진법 수 ⬚⬚⬚⬚⬚

= 10진법 수 ⬚⬚⬚

사회가 발달하면서 큰 수가 필요해지고, 가능한 만큼 한 자리에

큰 수를 쓸 수 있는 10진법이 발달하지 않았을까요?"

그래요. 현대인이 10진법을 사용하고 있는 것은 아마도 손가락

이 10개이기 때문일 것으로 추측됩니다. 다른 진법들에도 여러

가지 장점이 있어요. 이는 나중에 공부할 거예요. 우리는 먼저 10

진법을 공부하고 있으니까요. 자, 셈신이가 조금 전에 설명한 수

를 다시 살펴볼까요?

5진법에 비해서 10진법의 숫자 길이가 짧지만 뭔가 불편하지

않나요?

수짱이가 말했습니다.

"5진법 수는 한 상자 안에 막대기가 4개까지 들어가지만, 10진법 수는 상자 안에 막대기가 너무 많아요. 그래서 수를 알아보기가 힘들어요."

맞아요. 상자 안에 막대기를 넣는 셈신이의 숫자는 정말 놀랍고 획기적인 방식이지만, 묶어 세는 단위가 큰 10진법에서는 불편한 점이 있네요. 첫 번째 시간에 수학의 중요한 특징 중 하나가 '추상성'이라고 했던 것을 기억하나요? 현재의 우리가 사용하고 있는 숫자는 각 수를 추상하고 있는 거랍니다.

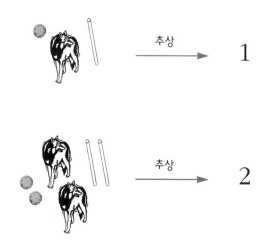

라이프니츠가 들려주는 기수법 이야기

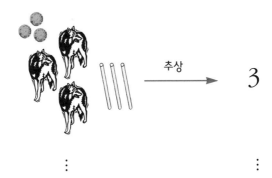

　조금 전의 10진법 수 ▨▨▨ ⫽⫽⫽ ▨▨▨ 을 막대기 대신 현대의 1~9 숫자를 사용해서 표현하면 [8][3][8] 이 되겠죠. 어때요? 훨씬 간단하죠?

　자, 다시 살펴보니 셈신이와 현대의 숫자는 막대기를 사용하는 것과 1~9까지의 숫자라는 점 말고도 큰 차이가 있군요.

　수돌이가 큰 소리로 대답했습니다.

　"현대의 수에는 상자가 없어요."

　그래요. 우리는 조금 전에 셈신이 숫자의 막대기를 현대의 숫자 1~9로 바꿨어요. [8][3][8] 모양이 되었죠. 이 수가 의미하는 것은 현대의 수 838입니다. 상자만 없애면 현대의 수가 되네요.

셈신이의 숫자에서 상자는 중요한 역할을 했었죠. 각 자리를 구분하고 막대기 하나가 의미하는 수를 명확히 해 주었으니까요. 그런데 하나에서 아홉까지의 수를 1~9로 추상시키고 보니, 각 자리를 구분하지 않아도 1~9를 쓰는 위치가 저절로 자신의 자리가 되었네요.

이를테면,

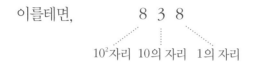

즉 같은 8이라도 가장 왼쪽에 있는 8은 10^2자리에 8이 있는 거니까 $8 \times 10^2 = 800$을 의미하고, 가장 오른쪽에 있는 8은 1의 자리니까 $8 \times 1 = 8$을 나타내죠. 자 그럼 셈신이 숫자의 상자는 이제 필요가 없을까요?

이번 시간 수업 중에 셈신이 숫자의 획기적인 면은 위치기수법이란 점 외에 한 가지 더 있다고 했던 것 기억하나요? 지금부터 셈신이 숫자의 또 하나의 위대함을 얘기할게요.

⫴ ▢ ⫼를 셈신이의 10진법 수라고 합시다. 각 막대기 대신에 1~9를 넣으면 3 ▢ 5 가 되겠죠? 여기서 상자를 없애 보죠. '35'가 되었습니다.

수돌이가 실망한 듯이 말했습니다.

"빈 자리에 0을 쓰는 걸 빼먹으시다니요……. 두 번째 상자에는 막대기가 없으니까 막대기를 현대의 숫자로 바꿀 때, $\boxed{3}\ \boxed{0}\ \boxed{5}$ 로 하고, 상자를 없애서 305를 만들어야 하는 거예요!"

그러네요. 전개식으로 나타내면 다음과 같지요.

$$= 3 \times 10^2 + 0 \times 10 + 5 \times 1$$

$$= 300 + 0 + 5$$

$$= 305$$

우리는 0을 너무나 자연스럽게 사용하고 있어요. 그런데 인류의 역사에 이 '0'이 등장하기까지는 오랜 시간이 걸렸습니다. 위치기수법이 현대의 기수법으로 정착하는 데에 0의 출현이 결정적인 역할을 했고요. 0이 등장함으로써 비로소 빈자리를 표시할 수 있었던 거죠. 셈신이 숫자의 위대함은 바로 빈자리를 표시할 수 있다는 것이에요. 별로 놀랄 만한 일이 아니라고요? 다섯 번째 시간과 여섯 번째 시간에 기수법의 역사를 배우다 보면 셈신이가 얼마나 획기적인 숫자를 만들어 냈는지를 알게 될 거에요.

자, 우리가 아무 생각 없이 사용하고 있는 현대의 숫자가 어떤 구성을 하고 있는지 알게 되었나요? 다음 시간에는 현대의 숫자를 이용해서 다양한 진법으로 변환하는 것을 공부할게요.

수업 정리

❶ 낱개를 묶어서 하나의 묶음이 되었을 때, 그 묶음을 낱개와 다른 그림으로 표현하는 것이 아니라, 같은 그림을 다른 위치에 놓음으로써 큰 수를 표현하는 기수법을 위치기수법이라고 합니다. 예를 들어, 7을 5진법으로 표현하면 7은 $5 \times 1 + 2$이므로 ⟨ / │ // ⟩ 가 됩니다.

❷ n진법의 위치기수법으로 표현한 숫자의 각 자리는 낮은 자리부터, 1의 자리, n의 자리, n^2자리, n^3자리, …가 됩니다. n^2자리의 숫자 1은 n^2을 의미합니다.

❸ 현대의 숫자는 십진 위치기수법을 따릅니다.

진법의 변환과
계산

10진법의 수를 다른 진법으로 바꾸어 봅니다.

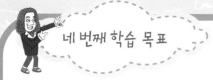

네 번째 학습 목표

1. 현대의 숫자를 이용해 각 진법으로 표현된 숫자를 10진법으로 변환할 수 있습니다.

2. 10진법으로 나타낸 숫자를 다양한 진법으로 표현할 수 있습니다.

자, 이제 본격적으로 현대의 숫자를 다뤄 볼게요. 앞 시간에도 이야기했듯이 현대의 숫자는 10진법이랍니다.

$$3\ 4\ 3\ 7$$

10^3자리 10^2자리   10의 자리   1의 자리

3437의 각 자리 숫자가 무엇을 의미하는지 알아보려면 다음과 같이 쓸 수 있겠죠.

$$3437 = 3 \times 10^3 + 4 \times 10^2 + 3 \times 10 + 7 \times 1$$

이와 같은 식을 10진법의 전개식이라고 불러요. 이 식에서 알 수 있는 또 하나의 사실은 같은 숫자라도 어느 위치에 쓰이느냐에 따라 다른 수를 나타내고 있다는 거예요. 3437에서 3은 두 번 쓰였죠? 그러나 같은 3이라도 가장 왼쪽, 즉 10^3자리에 쓰인 3은 $3 \times 10^3 = 3000$을 나타내고, 오른쪽에서 두 번째 자리, 즉 10의 자리에 쓰인 3은 $3 \times 10 = 30$을 의미해요.

라이프니츠가 들려주는 기수법 이야기

▨다양한 진법의 변환과 계산

555를 10진법의 전개식으로 나타내 볼까요?

$$555 = 5 \times 10^2 + 5 \times 10 + 5 \times 1$$

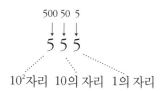

모두 같은 5이지만, 555에 쓰인 세 개의 5는 각각 500, 50, 5를 의미합니다.

현대인은 위치기수법으로 숫자를 표현한다고 설명했지요. 0~9 숫자 열 개를 어느 위치에 쓰느냐에 따라 같은 숫자라도 그 의미는 달라져요.

셈신이의 숫자가 10진법이었다면 각 상자 안에는 막대기가 최대 아홉 개까지 들어갔겠죠? 마찬가지로 현대의 10진법 수도 각 자리에 9까지의 숫자가 들어갈 수 있어요. 그리고 셈신이 숫자의 상자가 빌 수도 있는 것처럼 현대의 10진법 수 각 자리에는 1부터 9까지의 숫자뿐만 아니라 자리가 비었을 경우에는 0을 사용합니다. 다시 말해 각 자리에는 0부터 9까지 10개의 숫자가 들어갈 수 있는 셈이죠.

우리는 앞에서 수짱이와 셈신이의 숫자를 가지고 여러 진법으로 변환하는 것을 연습했어요. 현대의 숫자도 마찬가지 변환을 할수 있답니다. 현대의 숫자로 5진법 수를 만들 때 각 자리에는 몇개의 숫자를 사용할 수 있을까요?

수짱이가 말했습니다.

"5진법이란 다섯 개씩 묶어 세는 것을 말한다고 하셨잖아요? 각 자리에는 0에서 4까지의 숫자를 사용하고, 5가 되는 순간 한자리를 올려서 1을 써 주면 돼요."

그래요. 243이 5진법 수라면 오른쪽 첫 번째 자리는 1의 자리가 되죠. 따라서 가장 오른쪽 자리에 쓰인 3은 그대로 3을 뜻해요. 가운데 자리는 5의 자리이고, 그 자리에 쓰인 4는 4×5를 뜻합니다. 가장 왼쪽 자리는 5^2자리이므로, 가장 왼쪽에 쓰인 2는 2×5^2을 의미해요.

라이프니츠가 들려주는 기수법 이야기

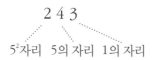

$$2\ 4\ 3$$

5^2자리 5의 자리 1의 자리

아무런 표시 없이 243이라고 쓰면 이 수는 10진법 수를 의미하겠죠. 만약 이 수가 5진법 수라면, '5진법 수 243'이라고 하면 돼요. 그런데 수학자들은 길게 쓰는 것을 좋아하지 않아요. 앞으로 5진법 수 243은 $243_{(5)}$으로 적기로 해요. 이제부터는 거추장스럽게 '7진법 수 243'이라고 할 필요없이 $243_{(7)}$으로 표기하면 되겠죠? 이게 바로 기호의 편리함이고, 수학의 매력이랍니다.

이미 알고 있겠지만, 같은 243이라도 243, $243_{(5)}$, $243_{(7)}$은 모두 다른 수를 나타내요.

수돌이가 말했습니다.

"243이 얼마인지는 이미 알고 있지만, $243_{(5)}$이나 $243_{(7)}$ 같이 다른 진법 수는 한 번 딱 보고는 얼마인지 감이 안 잡혀요."

당연한 얘기예요. 우리는 일상생활에서 10진법만을 사용해 왔잖아요. $243_{(5)}$이 우리가 알고 있는 어떤 수인지를 알아보려면 10진법으로 바꿔 보면 되겠죠.

$$243_{(5)} = 2 \times 5^2 + 4 \times 5 + 3 \times 1$$

이 되죠.

$$243_{(5)} = 2 \times 5^2 + 4 \times 5 + 3 \times 1 = 50 + 20 + 3 = 73$$

$243_{(5)}$을 5진법의 전개식으로 나타내니 우리가 알고 있는 73이
었네요.

$$243_{(7)} = 2 \times 7^2 + 4 \times 7 + 3 \times 1 = 98 + 28 + 3 = 129$$

즉 $243_{(7)}$은 129였죠.

셈신이가 말했습니다.

"다른 진법의 수, 예를 들어 5진법 수를 10진법 수로 바꾸려면

라이프니츠가 들려주는 기수법 이야기

5진법의 전개식으로 나타내어 계산만 해 주면 되네요."

◪ 10진법으로 나타낸 수를 다른 진법으로 바꾸기

그래요. 간단하죠? 그럼 이제 10진법 수를 다른 진법으로 표현하는 것을 배워 볼게요. 방금 전에 다른 진법 수를 10진법으로 바꾸는 것은 간단했었죠. 그런데 10진법 수를 다른 진법으로 표현하는 방법은 조금 복잡할 수 있어요. 두 가지 방법이 있으니까 마음에 드는 방법을 선택해 보세요.

먼저 첫 번째 방법을 설명할게요. 333을 5진법 수로 바꾸려고 해요.

5진법 수는 가장 오른쪽자리부터, 1의 자리, 5의 자리, 5^2자리, 5^3자리, 5^4자리, …를 나타낸다고 했죠?

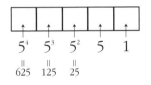

앞에서 10원짜리로만 이루어진 수돌이의 돈 12770원을 가장

간단히 갖고 있을 수 있는 방법에 대해서 기억하나요? 12770원보다 작으면서 가장 큰 단위의 돈인 만 원짜리 지폐 한 장으로 바꾸고, 나머지 2770원을 2770원보다 작으면서 가장 큰 돈의 단위인 천 원짜리 두 장으로 바꾸고, 나머지 770원에 대해서 같은 방식으로 바꿔 나갔었죠. 333을 5진법 수로 바꾸는 데에도 마찬가지 원리를 적용해 볼 수 있어요. 333보다 작으면서 가장 큰 5진법의 자릿수는 얼마인가요? 5진법의 자릿수란 1, 5, 25, 125 625, …을 의미합니다.

수짱이가 말했습니다.

"625는 333보다 크고, 그 다음 자리수인 125가 333보다 작으니까, 333보다 작으면서 가장 큰 5진법의 자릿수는 125예요."

그래요. 이제 333원을 125원짜리 지폐로 바꾼다고 생각해 보세요. 125원짜리 지폐 한 장은 125원, 두 장은 250원, 세 장은 375원이니까, 333원을 125원짜리 지폐 두 장인 250원과 나머지 돈으로 갖고 있을 수 있겠죠?

333원 ÷ 125원 = 2장 … 83원

다시 표현하면 $333 = 2 \times 125 + 83$이죠. 나머지 83원도 마찬가지예요. 83원보다 작으면서 가장 큰 5진법의 자릿수는 25이고, 즉 $83 = 3 \times 25 + 8$이고, 다시 나머지 8보다 작으면서 가장 큰 5진법의 자릿수는 5이니까, $8 = 1 \times 5 + 3$으로 생각할 수 있죠.

정리하면,

$$
\begin{aligned}
333 &= 2 \times 125 + 83 \\
&= 2 \times 125 + 3 \times 25 + 8 \\
&= 2 \times 125 + 3 \times 25 + 1 \times 5 + 3 \\
&= 2 \times 5^3 + 3 \times 5^2 + 1 \times 5 + 3
\end{aligned}
$$

5^3자리에 2, 5^2자리에 3, 5의 자리에 1, 1의 자리에 3이 오면 되는 거죠. 따라서 10진법 수 333은 $2313_{(5)}$였네요.

수돌이가 거만한 표정으로 말했습니다.

"복잡하다고 하시더니 별 거 아닌걸요. 10진법을 다른 진법을 바꾸는 다른 방법도 얼른 설명해 주세요."

하하, 여러분이 워낙 집중을 해서 들어 주니, 어렵지 않게 느껴지나 보네요. 그럼 다른 방법을 설명해 볼까요?

라이프니츠 선생님은 아이들에게 상자와 막대기, 끈다발을 나
눠 주기 시작했습니다.

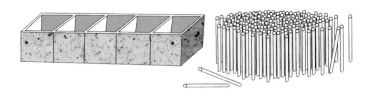

지금 나눠 준 상자는 5진법 상자랍니다. 자 이제부터 여러분들
과 함께 333을 5진법으로 고쳐 보겠습니다.

우선 상자의 가장 오른쪽에 막대기 333개를 넣으세요.

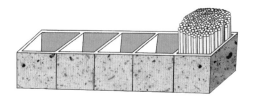

다 했지요? 이제 막대기들을 5개씩 묶어 보세요.

열심히 막대를 묶는 아이들……. 모두들 완성해 갈 무렵 수돌
이가 난처한 표정으로 말했습니다.

"선생님, 3개가 남는데요."

잘했어요. 묶음이 몇 개 만들어졌는지도 세어 볼래요?

"66개예요."

그래요. 333÷5 = 66 ⋯ 3, 즉 333 = 5×66 + 3이니까, 5개씩 묶은 묶음 66개와 묶이지 않은 막대기 3개가 있으면 맞는 거예요. 이제 다음 단계로 넘어갈까요?

낱개 3개는 가장 오른쪽 상자에 남겨 놓고 묶음 66개를 오른쪽에서 두 번째 상자로 옮기세요.

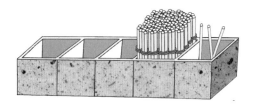

이제 두 번째 상자 묶음 66개가 있죠? 그걸 낱개의 막대기 66개로 바꾸세요.

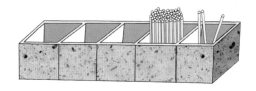

지금까지 한 것을 누가 한번 정리해 봅시다.

"가장 오른쪽 상자에서 333개의 막대기로 시작했는데요, 5개씩 묶어서 생긴 묶음은 낱개로 바꿔서 오른쪽 두 번째 상자에 넣었어요. 그래서 지금은 제일 오른쪽에 막대기 세 개, 두 번째 상자에 막대기 66개가 있어요. 5진법 상자에서 가장 오른쪽 상자는 1의 자리이고, 두 번째 상자는 5의 자리니까 같은 막대기라도 어느 상자에 담겼느냐에 따라 다른 수를 나타내고 있는 겁니다."

셈신이가 잘 이해하고 있네요. 그럼 계속해 볼까요? 한 번 해 봤으니까 내가 가르쳐 주지 않아도 할 수 있겠죠? 다음에 어떻게 해야 하는지 수짱이가 얘기해 볼래요?

"5진법 상자에는 막대기가 네 개까지만 들어가는데, 두 번째 상자에는 막대기가 66개나 있어요. 아까처럼 66개에 대해서 다섯 개씩 묶는 일을 하면 돼요."

맞아요. 두 번째 상자 막대기들을 묶어 보세요. 어때요?

$66 = 5 \times 13 + 1$이니까 두 번째 상자에는 묶음 13개와 낱개 1개가 있으면 맞겠네요.

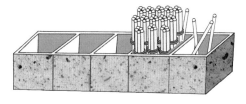

계속 진행해 볼게요. 낱개의 막대기 한 개는 두 번째 상자에 남

겨 두고 묶음 13개를 세 번째 상자로 옮기세요.

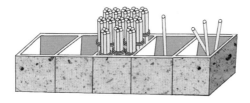

마찬가지로 세 번째 상자 안의 묶음 13개를 낱개의 막대기 13 개로 바꾸세요.

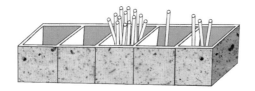

다시 세 번째 상자 안의 막대기 13개를 다섯 개씩 묶으면 되겠죠? 13 = 5×2+3이니까 낱개의 막대기 3개는 세 번째 상자에 남겨두고, 묶음 두 개는 네 번째 상자로 옮기면 돼요.

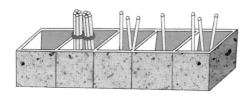

다시 네 번째 상자 안의 묶음 두 개를 낱개의 막대기 두 개로 바꿔 넣으세요.

수돌이가 귀찮은 듯이 말했습니다.

"이제 네 번째 상자에도 막대기가 두 개밖에 없어요. 이제 그만 묶어도 되죠?"

하하, 힘들었죠? 막대기가 담긴 마지막 상자에 막대기가 두 개밖에 없으니 다섯 개씩 묶는 것은 불가능하겠네요. 이제 작업을 마칩니다. 자 상자의 모습을 살펴보세요.

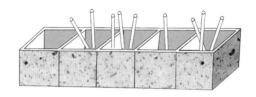

"왼쪽 상자부터 막대기가 2개, 3개, 1개, 3개 있어요."

그래요. 왼쪽부터 5^3자리, 5^2자리, 5의 자리, 1의 자리니까 우리가 5진법으로 바꾸고자 했던 수 333은 $2 \times 5^3 + 3 \times 5^2 + 1 \times 5 + 3$이 되고, 따라서 $333 = 2313_{(5)}$입니다.

아이들이 신기해 하며 외쳤습니다.

"와! 첫 번째 방법이랑 똑같이 나왔네요."

셈신이가 이어서 말했습니다.

"10진법 수를 5진법으로 바꾸는 방법 두 가지를 설명해 주셨는데요. 두 방법 모두 나누기를 기본으로 하는 것 같아요. 첫 번째 방법은 먼저 가장 큰 단위의 수로 나누고, 남는 수를 그 다음 큰 단위로 나누는 일을 반복하고 있고요, 두 번째 방법은 다섯 개씩 묶고 남은 수는 놔 두고 다섯 개씩 묶인 묶음을 다시 다섯 개씩 묶는 일을 반복하는 방법이네요."

맞아요. 셈신이가 제대로 이해했어요. 셈신이가 설명한 것을 다시 이야기하자면, 첫 번째 방법은 나누었을 때의 '나머지'를 나누는 것이고, 두 번째 방법은 5로 나누었을 때의 '몫'을 다시 5로 나누는 일을 반복합니다.

10진법을 5진법으로 바꾸는 두 가지 방법 중 여러분은 어느 방법이 더 쉽게 느껴지나요?

"두 번째 방법이 그냥 생각 없이 묶고 옮기고 바꾸기만 하면 되니까 쉬운데요, 일일이 묶는 일이 번거로워요. 그래서 실제로 계산하라고 하면 어렵긴 하지만 첫 번째 방법을 이용할 것 같아요."

그렇죠? 그래서 두 번째 방법을 아주 쉽게 이용할 수 있는 방법을 알려 주려고요.

방법은 간단하지만 우선 원리를 설명해 보겠습니다. 아무리 좋은 방법이라도 원리를 모르는 채 사용하면 아무 의미가 없답니다. 물론 응용도 할 수 없고요.

333개의 막대기를 5개씩 묶어 나갔는데, 진행되는 상황 식으로 표현하면,

$$333 = 5 \times 66 + 3 \qquad \cdots\cdots \text{첫 번째 작업 후}$$
$$= 5 \times (5 \times 13 + 1) + 3 \qquad \cdots\cdots \text{두 번째 작업 후}$$
$$= 5 \times \{5 \times (5 \times 2 + 3) + 1\} + 3 \qquad \cdots\cdots \text{세 번째 작업 후}$$

가 되겠죠. 이 식을 소괄호부터 풀어서 정리하면,

$$333 = 5 \times (5^2 \times 2 + 5 \times 3 + 1) + 3$$
$$= 5^3 \times 2 + 5^2 \times 3 + 5 \times 1 + 3$$
$$\text{즉, } 333 = 2 \times 5^3 + 3 \times 5^2 + 1 \times 5 + 3$$

이 되었고, 333을 5진법의 전개식으로 나타낸 것과 동일합니다. 333을 5진법으로 나타내면, $2313_{(5)}$이 된다고 말할 수 있는 거죠. 333을 5로 나누고 그 몫을 5로 나누는 과정을 반복하는 것을 알 수 있죠?

따라서 다음과 같은 간단한 계산 방법을 생각할 수 있어요.

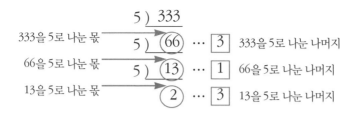

$$5 \overline{)\,333}$$
$$5 \overline{)\;\;66} \;\cdots\; 3$$
$$5 \overline{)\;\;13} \;\cdots\; 1$$
$$2 \;\cdots\; 3$$

이 방향으로 써 주면
2313(5)이 된다.

수돌이가 말했습니다.

"와, 그 복잡하던 과정이 식 하나로 해결됐어요. 10진법 수가 5진법 수로 순식간에 바뀌는걸요?"

결국 5진법 수에 나타나는 숫자는 5로 나눈 나머지들이고, 따라서 5보다 작은 숫자만 쓰이게 되는 것을 알 수 있습니다. 이제 모두 연습문제를 풀어 봅시다. 지금 칠판에 쓰는 수는 모두 10진법으로 표시된 수예요. 이 수들을 5진법으로 바꿔 보세요.

수돌이가 ①번, 수짱이가 ②번을 풀어 볼까요?

수돌이도 잘 풀었고, 수짱이도 잘했어요. 그런데 수짱이가 푼 ②번을 보면 처음에 885를 5로 나누니까 나누어떨어지네요.

그럼 나머지는 얼마인가요? 그래요. 나머지는 0이고, 나머지를 써야 하는 자리에 0이라고 쓰면 됩니다.

①347

$$
\begin{array}{r}
5\ )\ \underline{\ 347\ } \\
5\ )\ \underline{\ \ 69\ }\ \cdots\ 2 \\
5\ )\ \underline{\ \ 13\ }\ \cdots\ 4 \\
2\ \cdots\ 3
\end{array}
$$

$347 = 2342_{(5)}$

②885

$$
\begin{array}{r}
5\ )\ \underline{\ 885\ } \\
5\ )\ \underline{\ 177\ }\ \cdots\ 0 \\
5\ )\ \underline{\ \ 35\ }\ \cdots\ 2 \\
5\ )\ \underline{\ \ \ 7\ }\ \cdots\ 0 \\
1\ \cdots\ 2
\end{array}
$$

$885 = 12020_{(5)}$

라이프니츠가 들려주는 기수법 이야기

이제 10진법 수를 다른 진법으로 바꾸는 것도 쉽게 할 수 있겠죠? 10진법 수를 7진법 수로 바꾼다면, 앞에서 5진법으로 바꿀 때 계속해서 5로 나눈 것처럼 7로 계속 나누면 되겠죠. 10진법 수를 2진법으로 바꾸려면 계속해서 2로 나누면 되고요. 이제 10진법 수 359를 2진법 수로 바꿔 보겠습니다.

$$
\begin{array}{r}
2\ )\ \underline{359} \\
2\ )\ \underline{179}\ \cdots\ 1 \\
2\ )\ \underline{89}\ \cdots\ 1 \\
2\ )\ \underline{44}\ \cdots\ 1 \\
2\ )\ \underline{22}\ \cdots\ 0 \\
2\ )\ \underline{11}\ \cdots\ 0 \\
2\ )\ \underline{5}\ \cdots\ 1 \\
2\ )\ \underline{2}\ \cdots\ 1 \\
1\ \cdots\ 0
\end{array}
$$

$$359 = 101100111_{(2)}$$

359를 2진법 수로 바꾸니까 $101100111_{(2)}$이 되네요. 2진법은 2로 계속 나눌 때의 나머지를 쓰기 때문에 1과 0만 나타나게 돼요. 359는 세 자리 숫자였는데 2진법으로 바꿨더니 아홉 자리나 되는군요. 2진법은 이외에도 재미있는 사실들이 많이 있답니다. 이에 대해서는 마지막 시간에 자세히 배울 예정이에요.

이번 시간에는 10진법을 다른 진법으로 바꾸고 다른 진법 수를 10진법으로 바꾸는 방법에 대해서 공부했어요. 이제 기수법에 대해서 자신이 있나요?

다음 시간에는 세계 각 지역에서 기수법이 어떻게 시작되고 발달해서 오늘날의 숫자에 이르게 되었는지 본격적으로 기수법의 역사를 배울 거예요.

라이프니츠가 들려주는 기수법 이야기

네번째
수업 정리

1 n진법 수 243은 간단히 $243_{(n)}$으로 표현합니다.

2 3437의 각 자리 숫자가 무엇을 의미하는지 나타낸 다음과 같은 식을 10진법의 전개식이라고 합니다.

$3437 = 3 \times 10^3 + 4 \times 10^2 + 3 \times 10 + 7 \times 1$

다음은 5진법의 전개식이라고 합니다.

$243_{(5)} = 2 \times 5^2 + 4 \times 5 + 3 \times 1$

3 $243_{(5)}$을 10진법으로 표현하려면 5진법의 전개식으로 나타낸 후 계산합니다.

$$243_{(5)} = 2 \times 5^2 + 4 \times 5 + 3 \times 1$$
$$= 50 + 20 + 3$$
$$= 73$$

4 10진법 수를 5진법으로 표현하기 위해 다음과 같이 계산합니다.

```
5 ) 333
5 )  66  …  3
5 )  13  …  1
      2  …  3
```

이 방향으로 써 주면
2313₍₅₎이 된다.

고대의 숫자

고대 이집트, 메소포타미아, 중국은
어떤 기수법을 사용했을까요?

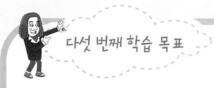

1. 고대 이집트, 메소포타미아, 중국의 숫자가 어떤 기수법을 따르고 있는지 알 수 있습니다.

2. 고대 각 숫자의 장점을 알 수 있습니다.

미리 알면 좋아요

1. 원을 중심에서 360등분한 하나의 각을 $1°$라고 합니다.

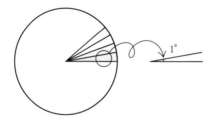

따라서 원의 중심각은 $360°$가 됩니다.

2. 약수 a가 b로 나누어떨어지면, b를 a의 약수라고 합니다.
   예를 들어, 6을 1, 2, 3, 6으로 나누면 나누어떨어지므로 1, 2, 3, 6을 6의 약수라고 합니다.

3. 분수를 소수로 바꾸려면 분자를 분모로 나누어 주면 됩니다.

예를 들어, $\dfrac{3}{5}$ 을 소수로 바꾸면,

$5\,\overline{\smash{)}\,3.0}$ 이므로, $\dfrac{3}{5}=0.6$이 됩니다.

$$\begin{array}{r} 0.6 \\ 5\,\overline{\smash{)}\,3.0} \\ \underline{3.0} \\ 0 \end{array}$$

4. 무한소수 소수점 아래에 0아닌 숫자가 무한히 많은 소수를 말합니다.

예를 들어, 0.333…, 0.36363636…, 0.3492876352… 와 같이 끝없이 계속되는 소수를 말합니다.

$$\prod \frac{1}{1 - \frac{1}{i^2}} = \sum \frac{1}{n^2}$$

지난 시간에 우리는 특정 숫자의 진법을 변형하는 방법을 알아 봤었죠. 이 방법을 사용하면 서로 다른 진법으로 나타낸 수의 크기를 비교할 수 있어요. 예를 들면, 5진법에 익숙하지 않은 우리는 $23_{(5)}$이 대충 어느 정도 크기인지 감이 오지 않죠. 이때 $23_{(5)}$을 10진법으로 변형해 보면, 이 수가 어떤 수였는지 알 수 있었어요.

$$23_{(5)} = 2 \times 5 + 3 = 10 + 3 = 13$$

$23_{(5)}$은 우리가 알고 있는 13이라는 수였네요.

이번 시간과 다음 시간에는 고대의 숫자에 대해서 알아보겠습니다. 부족을 위해 숫자를 만든 두 번째 시간을 기억하죠? 고대의 숫자는 우리가 그때 고민했던 것과 비슷한 과정을 거쳐서 탄생했을 거예요.

의사소통을 하거나 기록을 위해 큰 수를 표현할 숫자를 만들고, 좀 더 편리한 방법을 알아내는 과정 말이에요. 그들의 고민을 알 턱이 없는 현대의 여러분은 고대 숫자가 모양도 생소하고 얼마를 나타내고 있는지도 궁금할 거예요. 이때 앞 시간에 배운 내용을 적절히 활용하면 우리의 궁금증이 해결될 수 있어요.

자 이제 시작해 볼게요.

여러분들은 문명의 발생지라면 어느 곳이 떠오르나요?

"흔히 강 주변 지역을 말하지 않나요? 나일 강, 티그리스—유프라테스 강……"

"지금의 중국 황하 그리고 인도의 인더스 강 주변이요."

역시 수학을 좋아하는 여러분은 역사도 정확히 알고 있네요. 여러분이 말한 곳에서 숫자도 발달했답니다. 문명의 4대 발상지로 불리는 이들 네 지역에서 고대 숫자의 흔적을 살펴볼 수 있어요. 먼저 나일 강 주변의 이집트 숫자에 대해 알아볼까요?

▨이집트의 숫자 - 10진법

로제타스톤

이집트의 문자 기록은 1799년 나폴레옹의 원정 때 그 비밀이 벗겨졌어요. 로제타스톤에 적혀 있는 내용이 해독되었거든요. 로제타스톤은 같은 내용을 그리스 문자, 일반 백성의 문자, 신성 문자 세 가지 언어로 적어 놓은 돌이에요. 같은 내용이 세 가지 언어로 적혔기 때문에, 하나의 언어를 알면 다른 언어의 실마리를 찾을 수 있었지요. 결국 그리스어에 능통한 사람이 이집트 신성 문자라는 것을 해독했고, 이집트 문자로 쓰인 숫자도 밝혀지게 되었습니다.

라이프니츠 선생님이 칠판에 다음과 같이 적었습니다.

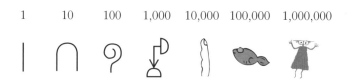

이것이 바로 이집트의 숫자예요. 1은 저번에 수짱이와 셈신이가 만든 숫자처럼 막대기로 표현했어요. 10은 반원 모양, 또는 발꿈치 뼈를 표현한 것이라더군요. 100은 밧줄, 1,000은 연꽃, 10,000은 손가락, 100,000은 올챙이 모양입니다. 아마도 개구리가 강에 낳은 알이 엄청난 양의 올챙이가 된다는 뜻이 아닐까요. 1,000,000은 두 팔을 벌리고 서 있는 놀란 사람 모양이에요.

수돌이가 장난스럽게 말했습니다.
"오! 1,000,000이라니! 엄청 큰 수에 놀라버렸소!!"

셈신이가 말했습니다.

라이프니츠가 들려주는 기수법 이야기

"10의 거듭제곱을 나타내는 그림 숫자네요. 그럼 이집트의 숫자는 10진법으로 이루어져 있었나요?"

정확히 말했어요. 이집트의 숫자는 현대와 마찬가지로 10진법을 썼습니다. 손가락이 10개라는 것은 그때나 지금이나 10진법을 따를 수밖에 없는 큰 유혹이었나 봅니다. 칠판에 적은 숫자에는 1만 있고 2, 3, 4 등은 없지요? 저번에 여러분이 만든 숫자처럼 당시의 숫자는 기호들을 나열해서 나타냈어요. 예를 들어, 2는 │ 을 두 개 나열하고, 3은 │ 을 세 개 나열했지요. 다른 10의 거듭제곱들도 마찬가지예요. 예를 들어, 243은 이렇게 표현할 수 있겠죠?

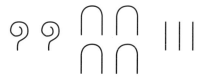

이 표현은 큰 수를 왼쪽에서부터 배열하고 있습니다. 만약 큰 수를 오른쪽에서부터 배열한다면 어떻게 될까요?

수돌이가 앞으로 나가 칠판에 적었습니다.

그래요. 선생님이 적은 것과 수돌이가 적은 것을 비교해 보세요.

두 숫자는 같은 수를 표현하고 있어요. 실제로 기록을 보면 큰
수를 왼쪽에서부터 배열한 것과 오른쪽에서부터 배열한 것이 모
두 발견되고 있답니다.

라이프니츠가 들려주는 기수법 이야기

잠시 현대의 숫자를 살펴볼게요. 현대의 숫자는 명백히 큰 수를 왼쪽부터 배열하고 있어요. 만약 큰 수를 왼쪽에서부터 배열하기도 하고 오른쪽에서부터 배열하기도 한다면 큰 혼란이 생기겠죠? '이백사십삼'이라는 수를 243이라고 적기도 하고, 342라고 적기도 한다면 말이에요. 그런데 이집트 사람들은 왜 어느 쪽부터 적는 것을 정하지 않았을까요?

수짱이가 말했습니다.

"이집트의 숫자는 위치기수법이 아니에요. 위치에 의해서가 아니라 모양에 의해 값이 정해지니까요."

수짱이가 잘 생각했어요. 이집트의 숫자는 9 9이 왼쪽에 있든 오른쪽에 있든, 혹은 가운데에 있든 '이백'을 나타낸다는 사실에는 변함이 없죠. 우리는 불편해 보이지만 이집트 사람들은 큰 숫자를 사용하는 데에 익숙했고, 계산과 측정에 있어서 정확했습니다. 나일 강에서 해마다 일어나는 홍수를 예측하고 피라미드 등의 건축물을 세우는 데에 있어서 정밀한 숫자 계산은 필수였으니까요. 실제로 그들이 큰 수를 사용하는 데에 익숙했음을 보여 주는 자료가 있어요.

라이프니츠는 사진을 한 장 꺼냈습니다.

이 사진은 기원전 3000년경의 나메르 왕의 비문인데, 전쟁에 승리해서 400,000마리의 황소와 1,422,000마리의 염소, 120,000명의 포로를 잡았다고 기록되어 있는 것이랍니다.

그런데 사실 이집트의 수학에 관해서는 비문에 새겨진 신성문자의 자료 말고도 더 많은 정보를 주는 것이 있어요. 바로 펜과 잉크로 쓰여진 파피루스 잎이지요. 수학에 관해 가장 많은 사실을 알려주는 파피루스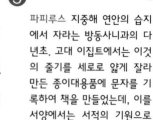는 린드 파피루스입니다.

헨리 린드라는 사람이 1858년에 나일 강 근처의 마을에서 구입했다고 해서 그의 이름이 붙여졌다고 하니, 조금 어이없죠? 기원전 1650년쯤에 아메스라는 사람이 이 문서를 베꼈다고 해서 아메스 파피루스라고도 불립니다.

❺
파피루스 지중해 연안의 습지에서 자라는 방동사니과의 다년초. 고대 이집트에서는 이것의 줄기를 세로로 얇게 잘라 만든 종이대용품에 문자를 기록하여 책을 만들었는데, 이를 서양에서는 서적의 기원으로 보고 있다.

린드 파피루스

여기에는 돌에 새겨졌던 신성문자가 아니라 파피루스 잎에 쓰기 적합한 형태의 문자가 기록되어 있어요. 필기체 형태의 이 문자를 신관문자라고 해요. 신관문자로 기록된 숫자는 이전의 숫자에 비해서 특별한 발전이 있었습니다.

앞에서 배운 돌에 새겨진 숫자에서 1부터 9까지는 수직막대기의 나열이었지요. 그런데 린드 파피루스의 기록에는 1에서 9까지의 숫자가 각기 다른 기호로 나타나고 있어요. 예를 들어, 4는 수

직막대기 네 개가 아니라 하나의 수평 막대기로 되어 있고, 7은 ⟨로 표현되어 있답니다. 각각의 숫자에 다른 기호가 대응되었다는 것은 위치기수법으로 가는 중요한 발전이라고 할 수 있어요.

이집트 사람들은 정밀한 계산에 익숙했다고 했지요? 그들은 놀랍게도 분수도 사용했답니다. 그런데 특이한 것은 그들은 모든 분수를 단위분수_{분자가 1인 분수}의 합으로 바꾸어서 계산했다는 거예요. $\frac{1}{8}$ 은 신성문자로는 ⏟과 같이 8을 표시하는 글자 위에 타원을 길게 늘여서 표시했고, 신관문자로는 ⏺와 같이 8을 표시하는 글자 위에 점을 찍어서 표시했어요.

▨메소포타미아 숫자 - 60진법의 위치기수법

지금까지는 이집트의 숫자에 대해서 살펴보았는데요, 이번에는 티그리스–유프라테스 강 유역으로 가 보겠습니다. 이 비옥한 땅을 차지하기 위해 여러 차례 침략과 정복이 반복되었어요. 이런 어려운 과정 속에서도 일관된 문화가 이어졌고 이것을 메소포타미아 문명이라 부른답니다. 이들 지역의 숫자를 메소포타미아 숫자라고 하죠.

이집트인들은 기록할 때 돌에 새기거나 파피루스 잎에 갈대로 적었는데, 메소포타미아 지역에는 돌이 귀했고 파피루스 잎은 쉽게 썩어 없어지는 단점이 있었어요. 대신 점토판은 쉽게 구할 수 있었죠. 점토판에 기록을 하려면 필기구가 있어야 했고 점차 뾰족한 필기구가 발달하게 되었어요. 이렇게 만들어진 문자를 쐐기로 기록했다고 해서 쐐기문자라고 한답니다.

점토판 위의 쐐기문자

기원전 4000년경에 메소포타미아의 수메르인이 개발한 이 쐐기문자는 이집트의 신성문자보다 오래된 것이었습니다. 점토판에 뾰족한 도구로 표시하고 굽는 작업으로 마무리를 했기 때문에 기록은 오랫동안 보존될 수 있었습니다. 그리고 오늘날 이집트의 수학보다 훨씬 많은 자료를 얻고 있어요. 다만 이집트의 신성문자보다 해독이 늦어져 20세기에 이르러서야 그 가치가 평가되기 시작했죠. 자 이제 쐐기문자로 기록된 숫자를 볼까요?

라이프니츠 선생님이 칠판에 숫자를 적었습니다.

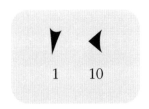

수짱이가 질문을 했습니다.

"1과 10, 두 가지밖에 없나요?"

그래요. 단 두 가지 기호만 필요해요. 아까 이집트의 숫자가 1, 10, 100, 1000 등 모든 십의 거듭제곱의 숫자를 그림으로 나타내었던 것과는 다르죠?

이 기호로 나타낸 숫자는 몇 진법을 사용할 것 같은가요?

수돌이가 자신 있게 대답했습니다.

"1과 10 두 가지 기호만 있는 것으로 봐서 10진법이에요."

과연 그럴까요? 1부터 59까지는 여러분이 예상하는 대로 이집트와 동일한 방식으로 사용했답니다.

라이프니츠가 들려주는 기수법 이야기

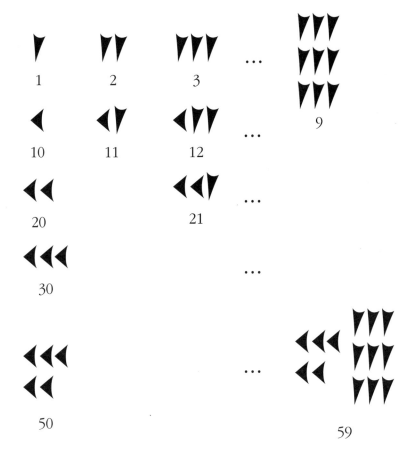

그런데 59가 넘으면 메소포타미아의 숫자는 이집트의 숫자와 확연히 달라져요. 60이 되면 다시 1과 똑같은 기호를 사용하거든요. 대신 위치가 다를 뿐이죠.

수짱이가 외쳤습니다.

"위치기수법이요!"

그래요. 메소포타미아 숫자는 위치기수법을 사용합니다. 그런데 문제가 생겼네요. 예를 들어, 61을 적고 싶을 때 60과 1의 모양이 모두 ▼이므로, 두 숫자를 구별할 수 없었어요. 그래서 처음에는 60을 나타내는 ▼을 좀 크고 1을 나타내는 ▼을 작게 그림으로써 구별했어요.

그러다가 후에는 60을 나타내는 기호와 9 이하의 수를 나타내는 기호를 약간 띄어 쓰게 되었습니다.

자 그럼 다음 수는 얼마를 나타내고 있는지 생각해 볼까요?

라이프니츠가 들려주는 기수법 이야기

"60을 나타내는 ▼가 두 개, 1을 나타내는 ▼가 두 개니까,

$60 \times 2 + 1 \times 2 = 120 + 2 = 122$예요."

그럼 메소포타인들이 몇 진법을 사용했는지 다시 한 번 생각해 보겠습니다.

"60진법이네요."

맞았어요. 쐐기문자로 기록된 이 숫자들은 60진법을 사용하고 있답니다. 그러나 1부터 59까지를 표현하는 방법은 10진법에 기초하고 있죠. 11을 나타내기 위해서 ▼을 11개 나열한다든가 새로운 기호를 사용하는 것이 아니라 ◀10과 ▼1을 이용해서 표현하고 있으니까요.

즉 위치기수법을 기본으로 하는 60진법을 사용하되, 60 내부의 숫자들은 10진법을 이용해서 표기하는 거죠.

◀◀▼   ◀▼▼은 60의 자리에 ◀◀▼21, 1의 자리에 ◀▼▼12가 표기되어 있죠. 즉 $60 \times 21 + 1 \times 12 = 1260 + 12 = 1272$를 나타내고 있네요.

그럼 ◀▼   ▼▼ ◀◀◀▼▼는 얼마를 나타내고 있을까요?

수짱이가 말했습니다.

"60진법을 사용하므로 오른쪽 첫 번째 자리는 1의 자리, 오른쪽 두 번째 자리는 60의 자리, 그리고 오른쪽 세 번째 자리는 60^2자리예요.

즉 60^2자리에 **◀▼**, 60의 자리에 **▼▼**, 1의 자리에 **◀◀◀▼▼▼** 이 적혀 있으니까, $60^2 \times 11 + 60 \times 2 + 1 \times 33 = 39600 + 120 + 33 = 39753$을 나타내고 있어요."

수짱이가 아주 잘 생각했네요. 이제 메소포타미아인들이 사용한 60진법에 대해서 이야기해 봅시다. 그들은 왜 한 자리에 사용하기에는 버거울 정도로 커서 10진법을 보조로 사용해야 하는 복잡한 진법을 사용했을까요? 그것도 위치기수법이라는 획기적으로 발달한 진법을 사용할 줄 알면서 말이죠.

이에 대해서는 여러 가지 설이 있어요. 우선 그들은 지구의 공전주기가 대략 360일이라는 사실을 알고 있었고, 원 둘레를 반지름으로 자르면 6등분 된다는 사실도 알고 있었다고 해요.

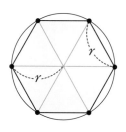

그래서 태양의 모습인 원을 360으로 생각하고, 그것을 6등분한 60을 기본수로 생각하는 60진법을 사용했다는 것이지요.

또 하나의 설은 더 오랜 진법인 10진법과 6진법을 결합해서 60진법이 탄생했다는 것이죠. 우리가 사용하는 10진법은 손가락이 10개가 아니었다면 결코 사용될 수 없었을 거예요. 10은 1과 자기 자신을 제외한 약수가 2와 5밖에 없지요. 그에 비해 60의 약수는 1과 자신을 제외하고 2, 3, 4, 5, 6, 10, 12, 15, 20, 30으로 10개나 되고요. 메소포타인들은 놀랍게도 60진법 소수도 사용했는데요, 다음 시간에 그 표기법에 대해 알아보고 일단 그 유용함에 대해서 설명할게요.

고대에는 등분_{똑같이 나누기}의 문제가 중요했을 거예요. 등분은 측량 등에서는 물론이고, 음식물을 똑같이 배분하는 데에도 중요한 문제거든요. 2등분, 즉 $\frac{1}{2}$을 오늘날의 10진법 소수로 나타내면 $\frac{1}{2} = \frac{5}{10} = 0.5$가 되죠. 10진법 소수로 나타낸다는 것은 분모가 10의 거듭제곱인 분수로 바꾸는 작업입니다.

그런데 10의 약수가 아닌 등분을 소수로 표현하는 데에는 한계가 있어요. 예를 들어 $\frac{1}{3}$은 분모가 10의 거듭제곱인 분수로 바꿀 수가 없습니다. 따라서 소수로 고쳤을 때 0.3333…인 무한소수가 되고 말죠. 3등분이라는 아주 흔히 쓰이는 등분조차 소수로 표현할 수 없는 것은 10이라는 수가 2와 5 외에는 약수가 없는, 즉 2등분과 5등분밖에 할 수 없는 수이기 때문이에요.

이제 $\frac{1}{2}$ 을 60진법 소수로 나타내 보겠습니다. 60진법 소수의 표기법은 다음 시간에 다루기로 했으니, 이번 시간에는 그 원리만 살펴볼게요. 지난 시간에 셈신이가 만든 숫자를 응용해서 자리의 구분을 상자로 해 보죠. 10진법 소수로 고치기 위해서 분모를 10의 거듭제곱으로 고쳤었죠? 60진법 소수로 고치기 위해서는 분모를 60의 거듭제곱으로 고치면 돼요.

즉 $\frac{1}{60}$ = $\boxed{0.\ \boxed{1}}$, $\frac{2}{60}$ = $\boxed{0.\ \boxed{2}}$ 가 되고, $\frac{1}{2}$ = $\frac{30}{60}$ 이므로, $\boxed{0.\ \boxed{30}}$ 로 표시할 수 있어요. 이제 10진법으로는 무한소수가 되는 3등분, 즉 $\frac{1}{3}$ 을 60진법 소수로 만들어 보겠습니다. $\frac{1}{3}$ = $\frac{20}{60}$ 이므로 $\boxed{0.\ \boxed{20}}$ 으로 나타낼 수 있겠죠. 10진법 소수로는 무한소수가 되는 $\frac{1}{3}$, $\frac{1}{6}$, $\frac{1}{12}$, $\frac{1}{15}$, $\frac{1}{30}$ 등이 60진법에서는 모두 유한소수로 표현될 수 있답니다. 따라서 메소포타미아에서는 60진법에 바탕을 둔 도량형이 발달하게 되었고 그것이 60진법의 기수법으로 발달했을 거예요.

등분에서 자유로운 60진법은 사실 현대에도 사용되고 있답니다. 예를 들면, 7941초는 어느 정도의 시간인지 감이 안 오지요? 이것을 60진법으로 나타내 보세요. 앞 시간에 배운 10진법을 다른 진법으로 고치는 방법을 이용하면 되겠습니다.

$$
\begin{array}{r}
60\,)\overline{7941} \\
60\,)\overline{\quad 132} \ \cdots\ 21 \\
2 \ \cdots\ 12
\end{array}
$$

즉 7941초를 60진법으로 나타내면 자리 구분을 상자로 할게요

| 2 | 12 | 21 | 이지요. 60진법의 전개식으로 나타내면, $7941 = 2 \times$

$60^2 + 12 \times 60 + 21 \times 1$ 이고 이것은 2시간 12분 21초를 말하는 것

이랍니다.

▨중국의 숫자 - 10진법의 위치기수법

이제 황하문명에서 발달한 중국의 숫자에 대해서 살펴보겠습니다. 중국의 고대문자는 이집트의 신성문자, 메소포타미아의 쐐기문자에 해당하는 갑골문자에서 유래합니다. 은나라 때는 나라의 모든 일이 점을 쳐서 결정되었고, 그 결과를 거북의 등껍질이나 동물의 뼈 등에 기록했어요. 그 기록으로 당시의 생활, 문자, 숫자 등을

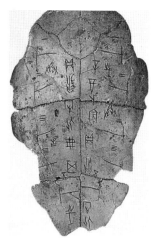

갑골문자

알아낼 수 있었습니다. 따라서 이 문자를 甲껍질 갑 骨뼈 골인 갑골문자라고 하죠. 갑골문자에서 유래한 숫자는 현재의 한자와 많이 달라지지 않았답니다.

잠깐 한자 공부를 해 볼까요?

라이프니츠 선생님은 칠판에 한자로 숫자를 적어 나가기 시작했습니다.

라이프니츠가 들려주는 기수법 이야기

一	二	三	四	五	六	七	八	九	十	百
1	2	3	4	5	6	7	8	9	10	100

234를 한자로 써 보면, 二百三十四 이지요. 한번 읽어 볼래요?

수돌이가 읽기 시작했습니다.

"이백삼십사. 와, 우리가 수를 말하는 방법하고 똑같네요!"

수돌이가 말한 대로 한자로 수를 기록하는 방법은 우리가 수를 말하는 방법의 기원이 되었어요. 이집트나 메소포타미아의 숫자와는 또 다른 방식이지요?

이를테면 30을 十十十으로 10을 세 번 나열하지 않고 세 개의 10, 즉 三十으로 표현하고 있어요. 이집트나 메소포타미아의 숫자를 '덧셈에 의한 기수법'이라고 한다면, 한자로 나타낸 숫자는 '곱셈에 의한 기수법'이라고 할 수 있겠죠.

중국인들은 이런 식의 표기법을 기록할 때 이용했습니다. 하지만 복잡한 계산을 할 때에는 불편하게 느끼게 되었어요. 중국의 전통 수학책에는 복잡한 계산이 많이 등장하는데요, 이것들을 가능하게 한 계산 도구가 있었답니다. 바로 산대 또는 산가지, 산목

산대

이라고 부르는 것인데, 가느다란 막대기 여러 개를 한 세트로 하는 것이었어요.

이 산대를 이용하여 양수와 음수까지 구별하였다고 하니, 중국의 수학이 얼마나 발달했는지 알 수 있겠죠. 산대는 중국 역사에서 2천 년 정도 사용되다가 명나라 때 상업이 많이 발달하고 주판이 등장하면서 사라졌다고 해요. 이 산대를 이용해서 계산을 하게 되면서 계산용 수 표기법이 발달했어요.

	1	2	3	4	5	6	7	8	9
일, 백, 만, 백만, …자리 :	丨	丨丨	丨丨丨	丨丨丨丨	丨丨丨丨丨	丅	丅丅	丅丅丅	丅丅丅丅
십, 천, 십만, 천만 …자리 :	一	二	三	亖	亖	丄	丄	丄	丄

이처럼 현재 쓰는 10진법에 근거한 위치기수법은 중국에서 처음 나왔다고 합니다. 1은 산대를 세로로 세운 모양, 10은 가로로 놓은 모양으로 표현했어요. 또 다시 100은 세우고, 1000은 가로로 놓습니다. 바로 옆자리는 다른 모양으로 놓음으로써 자리를 혼동하거나 수를 잘못 읽는 것을 막았다고 하네요. 예를 들어 1111,

라이프니츠가 들려주는 기수법 이야기

222, 666은 이렇게 쓰면 되겠죠.

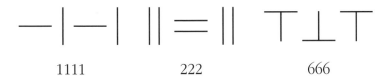

1111   222   666

유럽에서는 13세기경까지 로마 숫자라는 방식을 사용했어요. 지금 생각해 보면 참 불편한 숫자인데 유럽에서 오랫동안 사용되었으며, 현재에도 우리가 종종쓰곤 합니다.

로마 숫자가 사용된 시계

I	II	III	IV	V	VI	VII	VIII	IX	X	C
1	2	3	4	5	6	7	8	9	10	100

한자로 30을 표현할 때 十十十으로 10을 세 번 나열하지 않고,

三十으로 표현한다고 했죠? 그런데 로마 숫자에서는 ⅩⅩⅩ으로 표현한답니다. 533을 표현해 볼까요? CCCCCⅩⅩⅩⅢ이 되지요. 이런 숫자로 계산을 해야 했으니, 불편한 점이 이만저만이 아니었을 것입니다.

이번 시간에는 이집트, 메소포타미아, 중국의 숫자에 대해서 살펴보았습니다. 이제 4대 문명의 발상지 중 인더스 강 유역의 숫자만 남았네요. 인더스 유역의 인도 문명에서는 이번 시간에 배운 세 지역의 숫자가 또 한차례 발전하게 됩니다. 다음 시간에는 인도 숫자에 대해서 이야기할 텐데요, 불편한 로마 숫자를 사용하던 유럽 사람들이 인도 숫자를 보고 얼마나 편리하다고 느꼈을지 알게 될 거예요.

다섯번째
수업 정리

1 이집트, 메소포타미아, 중국의 숫자

이집트의 숫자

1	10	100	1,000	10,000	100,000	1,000,000

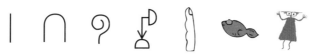

메소포타미아의 숫자

1 10

산대로 나타낸 중국의 숫자

	1	2	3	4	5	6	7	8	9
일, 백, 만, 백만, …자리 :									
십, 천, 십만, 천만…자리 :									

2 이집트의 숫자와 산대로 나타낸 중국의 숫자는 10진법을 따릅니다. 메소포타미아의 숫자는 60진법을 따르되, 10진법을 보조적으로 사용하고 있습니다.

❸ 산대로 나타낸 중국의 숫자와 메소포타미아의 숫자는 위치
기수법을 따릅니다.

인도의 숫자와
0의 발명

인도의 숫자에는 어떤 특징이 있을까요?
신비로운 수 0의 탄생에 대해서도 알아봅니다.

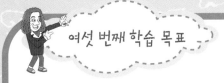

여섯 번째 학습 목표

1. 인도의 숫자가 어떤 면에서 발전적인지 알 수 있습니다.

2. 인도인의 0의 발명과 동양사상과의 관계를 생각할 수 있습니다.

라이프니츠의
여섯 번째 수업

우리는 지난 시간에 이집트, 메소포타미아, 중국의 숫자에 대해서 공부했습니다. 메소포타미아의 숫자와 산대로 나타낸 중국의 숫자는 위치기수법을 사용했고요. 메소포타미아의 숫자를 다시 한 번 살펴볼까요? 메소포타미아의 숫자는 60진법을 기초로 하고 있고, 각 자리 사이를 벌려서 씀으로써 위치기수법의 자리가 구분된다고 했어요.

$3 \times 60 + 3$을 나타내는 메소포타미아 숫자는 ▼▼▼　▼▼▼가

되겠죠. 그럼 $3 \times 60^2 + 3$은 어떻게 쓸까요?

，

수돌이가 말했습니다.

"$3 \times 60 + 3$보다 자리 사이를 조금 더 벌려서 적어 주면 어떨까

요?"

▼▼▼　　　▼▼▼

수짱이가 고개를 꺄우뚱하면서 말했습니다.

"그렇게 간격을 벌려서 각 자리의 구분을 하는 것에는 한계가

있어요. 뭔가 자리 구분을 확실히 해 줄 장치가 필요해요. 셈신이

숫자가 위치기수법 이외에도 훌륭한 점이 있다고 말씀하셨던 생

각이 나네요."

셈신이가 말했습니다.

"이 문제는 결국 자리 구분보다 빈자리 표시의 문제인 것 같아요. $3\times60+3$일 때에는 ▼▼▼ ▼▼▼처럼 자리를 살짝 벌려서 적어 주면 되지만 $3\times60^2+3$처럼 ▼▼▼과 ▼▼▼사이에 빈자리가 있을 때 문제가 생기니까요."

그래요. 현대의 숫자는 33과 303이 0에 의해서 확실히 구별되지만, 메소포타미아 숫자의 초기에는 $3\times60+3$과 $3\times60^2+3$을 구별해 줄 장치가 없었답니다. 위치기수법을 완성시키기 위해 필수적인 빈자리 표시가 없었던 거죠. 그러다가 메소포타미아인들은 알렉산더 대왕의 정복 무렵에 ↗↗를 빈자리를 나타내는 기호로 사용했어요. ▼▼▼ ▼▼▼은 $3\times60+3$을, ▼▼▼ ↗↗ ▼▼▼은 $3\times60^2+3$을 나타냈죠. 그럼 $3\times60^2+3\times60$은 어떻게 표현하면 좋을지 생각해 볼까요?

수짱이가 말했습니다.

"▼▼▼ ▼▼▼ ↗↗가 아닐까요?"

여러분들은 정말 똑똑하네요. 그런데 여러분들이 쉽게 생각해 낸 ▼▼▼ ▼▼▼ ↗↗을 안타깝게도 메소포타미아인들은 생각하지 못했답니다. ↗↗는 다른 숫자들 사이의 빈자리를 나타냈을 뿐, 맨 끝의 빈자리에는 쓰이지 못했어요. 즉 ▼▼▼ ▼▼▼ 은 ▼▼▼이 연속되는 모든 수가 될 수 있어요. $3 \times 60 + 3$일 수도 있고, $3 \times 60^2 + 3 \times 60$일 수도 있으며, $3 \times 60^3 + 3 \times 60^2$일 수도 있었죠.

메소포타미아에서는 소수도 사용되었다고 했지요? ▼▼▼ ▼▼▼ 은 심지어 $3 \times \dfrac{1}{60} + 3 \times \dfrac{1}{60^2}$일 수도 있는 일이었어요.

현대의 십진 위치기수법의 원형이라고 하는 중국의 숫자도 처음에는 빈자리를 그냥 두었답니다. 따라서 ═‖가 22, 2200, 2002 등으로 읽힐 수 있었죠.

셈신이가 말했습니다.

"메소포타미아와 중국의 숫자가 위치기수법을 사용한 데에서는 발전적이었지만, 빈자리 표시에는 완전하지 못했네요."

맞아요. 메소포타미아인들은 빈자리를 표시하는 ✔✔를 사용하기는 했지만, 다른 자리들 사이에 있는 빈자리에만 사용함으로써 완전한 위치기수법을 만들지는 못했어요. 그래서 이번에는 메소포타미아인들보다 한 단계 발전한 형태의 위치기수법을 사용했던 마야문명의 숫자에 대해 살펴보려고 해요.

라이프니츠가 들려주는 기수법 이야기

마야인들은 건축, 도시 건설, 천문학 등 여러 방면에서 매우 수준 높은 문화를 이룩했습니다. 이것은 마야인들의 숫자예요.

라이프니츠 선생님은 칠판에 마야인들의 숫자를 적었습니다.

무슨 암호같죠? 자, 몇 진법 같은가요?

수돌이가 말했습니다.

"점으로 표시하다가 5가 되면서 막대기로 그리고 있어요. 10이 되면 막대기가 두 개가 되고요. 5진법이네요."

그렇게 보이죠? 실은 20진법이랍니다. 메소포타미아인들의 숫자가 60진법을 사용하되 59까지의 숫자를 표시할 때는 보조적으로 10진법을 사용했던 것 기억하죠? 마야인들도 20진법을 사용했지만, 20이 되기 전까지는 보조적으로 5진법을 사용했답니다. 즉 칠판에 적은 것은 한 자리의 숫자들이에요. 20이 넘어가면 다른 자리에 수를 적기 시작하죠.

수돌이가 말했습니다.

"그럼 21은 ≡이 아니라 • •이겠네요."

하하, 그럴 것 같죠? 그런데 마야인들은 숫자에 미적인 의미를 담고 싶어 했던 것 같기도 해요. 이제까지 우리가 공부했던 모든 숫자는 자리를 바꿀 때 그저 왼쪽이나 오른쪽으로 자리를 옮겼을 뿐이었습니다. 하지만 마야인들은 자리가 높아지면 윗자리로 옮겼답니다. 그래서 21은 •로 적었어요. 가장 아래층은 1의 자리, 2층은 20의 자리가 되죠.

3층은 우리가 알고 있는 기수법대로라면 20×20, 즉 400의 자리가 되어야겠죠? 그런데 특이하게도 3층은 20×18인 360의 자리를 나타냈어요.

마야인들에게 숫자는 달력에 따라 날짜를 정확히 지키게 하는 의미가 있었답니다. 그들의 달력에서 1년, 즉 365일은 20일이라

는 한 주기를 18번 반복하고 5일의 전환기를 갖도록 되어 있었습니다.

그래서 그들 숫자의 3층은 400이 아니라, 20일이 18번 반복된 360이었던 것이죠. 마야인들의 숫자에는 이처럼 단순한 개수 세기 이상의 종교나 미적인 의미가 있었기에 빈자리를 표시하는 기호도 일찍부터 만들 수 있었습니다. 또한 이 기호는 맨 끝의 빈자리를 표시하는 기호로도 사용되었고요.

사실, 그들의 빈자리 기호는 빈자리를 표시한다기보다는 비어 있는 자리를 그냥 둘 수 없는 미적인 의지에서 생겨난 거랍니다. 빈자리 기호가 없으면 날짜를 표기하는 그림에 빈칸이 생기고 이 것은 그림의 전체적인 균형을 깨뜨리는 일이었거든요. 그래서 빈자리가 있을 때 그것을 채우기 위해서 조개, 사람의 눈 등 여러 가지 그림들이 사용되곤 했죠.

$2 \times 360 + 3 \times 20$을 나타내면

이 됩니다.

이렇게 빈자리를 표시하는 기호는 메소포타미아와 마야 문명에서 사용했지만 문명이 멸망하면서 빈자리 표시 기호도 사라지게 되었어요.

▨인 도 의 숫 자 - 위 치 기 수 법 의 완 성

수짱이가 질문했습니다.

"그럼, 우리가 사용하고 있는 0은 어떻게 시작된 건가요?"

수돌이가 말했습니다.

"우리가 사용하고 있는 숫자를 아라비아 숫자라고 하잖아? 아라비아인들이 개발한 거야."

그럴 것 같죠? 그런데 현재의 전 세계에서 사용하고 있는 숫자는 사실 인도의 것이랍니다. 아랍의 위대한 수학자 알콰리즈미가 인도의 숫자를 소개하는 책을 썼고, 이것이 라틴어로 번역되어 서양에 소개되면서 유럽에서는 인도의 기수법을 책의 저자인 알콰리즈미의 것으로 생각하게 된 거예요. 그로부터 오늘날까지, 우리가 사용하는 숫자를 '아라비아 숫자'라고 부르고 있습니다.

수돌이가 말했습니다.

"인도인들은 굉장히 억울하겠어요."

하지만 지금은 많은 사람들이 현대인이 사용하는 숫자가 인도 숫자임을 알고 있고, 특히 '0'의 발명에 대해서 그것이 인도인들의 업적이라고 인정하고 있어요. 요즈음엔 아라비아 숫자라고 하지 않고 만든 사람들과 전파한 사람들을 모두 담는 의미에서

'인도-아라비아 숫자' 라고 하기도 하죠.

인더스 강 유역의 인도문명은 큰 도시시설을 갖춘, 매우 발달된 문화를 이뤘고 기원전 350년경에는 승려계급으로부터 전해진 숫자를 사용했습니다.

그리고 서기 6세기경에는 10진법에 근거한 위치기수법이 사용되었어요. 1에서 9까지 숫자 기호가 간결해졌고, 0에 해당하는 기호도 사용되었죠. 현재 우리가 사용하는 숫자 체계와 완전히 일치하는 이 기수법은 셈판 위에서 돌 등을 올려 놓으면서 수를 셈한 데서 유래했답니다.

셈판은 셈신이가 만든 숫자의 상자처럼 자리가 구분되었는데, 203이라는 숫자를 표시하려면 백의 자리에 돌멩이 두 개를 놓고, 일의 자리에 돌멩이 세 개를 놓으면 됩니다.

이후 0에 대한 기호를 생각해내면서 셈판 없이도 빈자리를 나타낼 수 있게 되었습니다. 그리고 각 숫자에 대한 추상적인 기호

라이프니츠가 들려주는 기수법 이야기

가 만들어지면서 현대의 기수법이 완성된 거랍니다.

지난 시간과 이번 시간에 우리는 고대 여러 지역의 숫자에 대해서 살펴보고 있는데요, 이집트, 메소포타미아, 중국, 마야 모두 수를 표기하는 기호가 추상적으로 나타나지는 않았죠. 이를테면 3을 나타내기 위해서는 점이나 막대기로 세 개를 표시하고 있고요.

그러나 현대의 숫자는 '3' 으로 표시합니다. 숫자를 배우지 않은 사람은 이것이 '셋' 을 나타낸다는 것을 알지 못하죠. 하지만 숫자를 배운 모든 사람들은 '3' 을 보면 이것이 돌멩이 세 개, 의자 세 개, 어린이 세 명 등의 집합의 공통 특성을 추상하고 있다는 것을 알고 있어요. '아홉' 을 나타내기 위해서 막대기 아홉 개를 그리는 것이 아니라 간단한 기호 '9' 로 나타낼 수 있는 것이지요.

수돌이가 말했습니다.

"인도인의 숫자가 대단한 걸로 생각했는데, 별거 아닌 것 같아요. 10진법이나 위치기수법은 다른 지역에서도 생각해냈잖아요. 그저 세월이 흐르면서 단순해진 숫자들의 기호, 그리고 0을 사용했다는 것뿐이네요."

나도 서양에서 공부를 했지만, 서양의 학자들은 수학이 인도 수학의 영향하에 발달했다는 사실을 부인하고 싶어 하지요. 그래서 인도 숫자의 역할이란 단지 그 이전부터 발달한 '10진법, 위치기수법, 열 개 숫자에 대한 기호' 라는 세 가지를 조합한 것뿐이라고 말하곤 해요. 하지만 인도 숫자에는 동양이므로 가능했던 중요한 발견이 담겨 있답니다.

　우선 인도의 '0' 에 대한 이야기부터 하죠. 0이 사용되었던 초기에는 0을 점으로 표현했던 것 같아요. 이것이 나중에 오늘날의 형태인 동그라미로 바뀌고 중국에도 전해지게 됩니다. 인도의 10진법에서 각 자리는 그보다 낮은 자리의 10배의 수를 의미해요. 따라서 0은 연산기호로의 역할을 하고 있죠.

　수짱이가 말했습니다.

　"0이 연산기호 역할을 한다고요? 더하기, 곱하기 같은 연산기호요?"

　예를 들어 23이라는 수 옆에 0을 붙여 보세요. 얼마가 되었지요?

　"230이요."

　그렇죠. 10진법의 각 자리는 그보다 낮은 자리보다 10배의 수를 의미한다고 했지요? 23이라는 수 옆에 0을 붙인다는 것은 23

을 10배하는 의미가 되죠. 인도의 옛날 시 중에 다음과 같은 것이 있다는 군요.

> 그녀 이마의 점은 그녀의 아름다움을 열 배로 만들어 준다.
> 0을 나타내는 점이 어떤 수를 열 배로 만드는 것처럼.

인도의 0이 연산기호의 역할을 했다는 것은 다음의 사실에 비하면 아무것도 아닐지 모르겠네요. 연산기호로써의 0도 실은 빈자리를 나타내는 의미예요. 이것은 메소포타미아나 마야인들이 빈자리를 나타내는 기호를 사용한 것과 비슷한 이치겠지요. 그러나 인도인들은 빈자리 기호 '0'을 하나의 숫자로 인식하는 단계에 이르게 되었어요.

셈신이가 말했습니다.

"그럼, 메소포타미아나 마야인들의 빈자리 기호는 숫자로서 받아들인 게 아니었다는 건가요?"

맞아요. '0'은 '없음'의 기호랍니다. 숫자란 한 개, 두 개 등 무

엇이 몇 개 '있음'을 표시하는 기호예요. 논리를 존중하는 서양인
들의 관념에서 없는 것을 있는 것처럼 받아들이는 것은 쉽지 않았
겠죠.

그러나 인도인들의 종교는 '무無'를 궁극적으로 인간이 돌아가
야 할 곳으로 보고 있어요. 불교나 힌두교에서는 수련을 통해 '아
무것도 없음'의 상태로 들어가는 것을 최고의 경지로 생각합니
다. 인도인들이 '없음'의 기호를 발명하는 것은 지극히 자연스런
일이었답니다.

인도인들은 '빈자리 기호 0'과는 구별되는 '어떤 수에서 자신
을 뺀 결과'를 나타내는 기호로도 0을 사용했어요. 이것은 현대
적 의미의 '0'의 정의와도 일치하는 것이랍니다.

0이 얼마나 위대한
발명인 줄 알아.
0이 없다면 23과
203, 2003을
구분하기가 힘들지.

그럼
그럼!

그뿐만이 아냐.
23에 0을 붙이면
10배인 230이
된다고!!

0은 없음이라는
철학적 명제이기도 하지.

인생은
공수래
공수거

라이프니츠가 들려주는 기수법 이야기

0은 슈냐shunya라고 불렀습니다. 슈냐는 힌두어로 '공허'라는 뜻이에요. 없음에서 출발한 인생이 다시 없음으로 돌아가는 일이 끝도 없이 되풀이 되는 인생과 세계를 바라보는 인도인의 관념이 담겨 있는 것 같지 않아요?

0이 아랍으로 전해지면서 슈냐의 뜻 그대로를 번역해서 '아무 것도 없는'이라는 뜻의 아시프르as-sifr가 되었어요. '영, 아라비아 숫자의 자릿수, 하찮은 사람' 등을 뜻하는 영어 사이퍼cipher가 여기에서 나왔고요.

이것이 라틴어로 번역되면서 시프라cifra와 제피룸zefirum이 되었고, 제피룸은 다시 베니스 사투리에서 '제로zero'가 되어 현재 영어와 불어의 0을 가리키는 단어로 쓰이게 된 것이죠.

지금까지 0의 출현에 대해서 공부를 했는데요, 0을 공부한 여러분들의 느낌은 어떤가요?

셈신이가 말했습니다.

"아무 생각 없이 사용하던 0에 이런 심오한 의미가 담겨 있다는 것이 놀라워요. 0은 숫자이면서도 다른 자연수들과는 다른 정말 특별한 수라는 생각이 들어요."

  이번 시간에는 인도인의 사상이 서양적 사상의 결집체일 것 같은 수학에 어떤 영향을 미쳤는지 알아봤는데요, 우리의 기수법 강의의 마지막인 다음 시간에도 2진법 공부를 하며 또 다른 동양적 사상이 어떻게 현대와 닿아있는지 알아보도록 하겠습니다.

여섯번째 수업 정리

1 인도인들이 '0'을 발명함으로써, 완전한 위치기수법을 사용할 수 있게 되었습니다. 인도인들의 숫자는 현재 전 세계인들이 사용하는 숫자가 되었습니다.

2 인도인들은 '0'을 빈자리를 표시하는 기호뿐만 아니라 하나의 숫자로 인식했습니다. '없음'을 있는 것처럼 받아들이는 것은 논리를 중시하는 서양인들에게는 어려운 일이었으나, '무無'를 궁극적으로 돌아가야 할 곳으로 여기는 인도인들에게는 자연스러운 일이었습니다.

라이프니츠와
2진법

라이프니츠는 왜 2진법을 고안했을까요?

1. 라이프니츠가 2진법을 고안하게 된 배경을 알 수 있습니다.

2. 2진법 계산을 할 수 있습니다.

3. 컴퓨터와 2진법의 관계를 알 수 있습니다.

4. 동양사상과 2진법의 관계를 알 수 있습니다.

라이프니츠의
일곱 번째 수업

이제 우리가 공부하는 마지막 시간이 되었네요. 그동안 기수법에 대해서 공부하느라 내 얘기를 별로 하지 못했는데, 이번 시간에는 내 얘기부터 시작해 보겠습니다. 나는 일생 동안 이 세상의 거의 모든 학문에 관심을 두고 연구를 계속했답니다. 모든 것이 흥미로웠죠. 그렇게 많은 학문을 연구하면서 깨달은 것이 있었어요. 바로 '신의 세계까지 포함하는 이 세상은 하나의 도구로 설명할 수 있다'는 것이랍니다.

수돌이가 우울한 표정으로 말했습니다.

"제가 알고 있는 라이프니츠 선생님은 수학, 과학, 철학 등에서 누구도 이루지 못한 업적을 세우신 분이에요. 그런데 평생의 연구로 깨달았다고 하시는 말씀이 제가 느끼기엔 좀 엉뚱하고 허무맹랑하기까지 한데요."

하하하, 그런가요? 그렇게 생각하는 것이 당연하다고 봐요. 나는 수학과 과학, 철학에서 많은 연구를 했지만, 가장 원한 것은 바로 이 세상 사람들이 다 같이 평화롭게 사는 것이었어요. 내가 살던 시대에 늘 두 편으로 나눠 싸우는 교회도 하나로 통합될 수 있다고 생각했고요. 사람들은 내가 지나치게 낙천적이라고도 했어요. 하지만 나는 이 세상에는 보편적으로 통하는 무엇인가가 있고, 그것으로 모든 것을 설명할 수 있다고 믿었어요. 그러한 도구로 생각해 낸 것 중 하나가 2진법이랍니다.

셈신이가 말했습니다.

라이프니츠가 들려주는 기수법 이야기

"세상을 보편적으로 통하게 하는 도구가 2진법이라고요?"

예. 무슨 말인지 잘 모르겠지요? 당연해요. 내 얘기는 조금 후에 다시 하기로 하지요. 먼저 2진법을 설명할게요. 2진법은 어느 진법보다 단순하답니다. 0과 1만으로 모든 수를 표현하니까요. $11001_{(2)}$은 10진법으로 얼마를 나타낼까요?

수짱이가 말했습니다.

"$11001_{(2)} = 1 \times 2^4 + 1 \times 2^3 + 0 \times 2^2 + 0 \times 2 + 1 \times 1$

$\qquad\quad\; = 16 + 8 + 1$

$\qquad\quad\; = 25$

그러니까 $11001_{(2)}$는 25네요."

맞아요. 어떤 진법으로 나타낸 수를 10진법으로 표현하려면 전개식으로 풀어 가면 된다고 했죠. 그런데 2진법이 다른 진법과 다른 점은 2진법에 사용되는 1과 0이라는 수가 각 자리에 숫자가 있는지 없는지를 표시하고 있다는 것이에요. 예를 들어,

$11001_{(2)} = 1 \times 2^4 + 1 \times 2^3 + 0 \times 2^2 + 0 \times 2 + 1 \times 1$

에서 2^4자리의 1은 2^4이 '있음'을 표시하고, 2^2자리의 0은 2^2이 '없음'을 표시합니다. 이것은 이 세상의 모든 수를 0과 1, 즉 '있음 과 없음'으로 표현할 수 있다는 것을 의미해요. 나는 이런 점에 착안해서 이 세상의 모든 만물을 2진법으로 표현할 수 있다고 생각하게 되었습니다. 2진법에 대해서 좀 더 살펴볼까요?

먼저 10진법 수 235를 보세요. 100이 '두 개' 있고, 10이 '세 개' 있고, 1이 '다섯 개' 있죠. 그에 비해 2진법에서는 16, 8, 4, 2, 1 등의 각 자리에 몇 개가 있는지가 아니라 '있다', '없다'의 두 가지만 나타나게 돼요.

여기 추로 재는 저울이 있어요. 1g ~ 1000g의 물건을 재기 위해서 10진법으로 생각하면, 1g짜리 9개, 10g짜리 9개, 100g짜리 9개가 있어야겠지요. 물론 1000g까지 재려면 100g추가 한 개 더 있든가, 1000g짜리도 있어야겠네요.

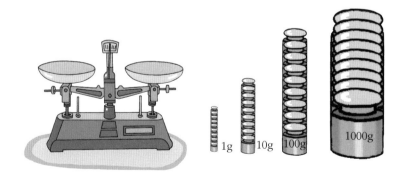

라이프니츠가 들려주는 기수법 이야기

하지만 이것을 2진법으로 생각해 보면, 1g, 2g, 4g, 8g, 16g, 32g, 64g, 128g, 256g, 512g의 추가 각각 한 개씩만 있으면 돼요.

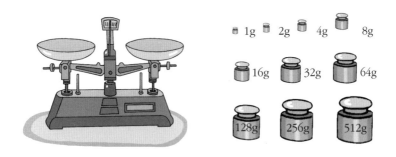

2진법에서는 각 자리에 수, 즉 추가 몇 개 있느냐가 아니라, '있느냐 없느냐'만 나타내면 되므로 각 추는 최대 1개만 있으면 되는 거랍니다.

우리에게 익숙한 10진법 수를 5진법 수로 바꾸려면 5로 계속해서 나누면 되었죠. 2진법 수로 바꾸려면 2로 계속해서 나누면 되는데, 이때 10진법 수를 다른 진법 수로 바꾸는 것보다 2진법으로 바꾸는 것이 훨씬 간단하다는 것을 느낄 거예요. 나누어떨어지면 0, 나머지가 있으면 1로 적으면 되니까요.

$$2\,)\ \underline{\quad 19\quad}$$
$$2\,)\ \underline{\quad 9\quad} \cdots\ 1$$
$$2\,)\ \underline{\quad 4\quad} \cdots\ 1$$
$$2\,)\ \underline{\quad 2\quad} \cdots\ 0$$
$$1 \cdots\ 0$$

$$19 = 10011_{(2)}$$

2진법 계산을 해 볼까요? 먼저 덧셈을 생각하면, 10진법에서는 각 자릿수에 맞춰서 더하다가 10이 되는 순간 한 자리를 올려 주죠. 2진법에서는 2가 되는 순간 한 자리를 올려 주면 돼요. 0과 1 중에서 같은 수를 더하면 0, 다른 수를 더하면 1이라고 쓰면 되고요. 1과 1을 더하면 같은 수를 더한 경우이니까 0이라고 적겠죠. 다만 한 자리가 올라갈 때 점을 찍어서 한 자리 올렸다는 사실을 잊지 않으면 돼요.

$$\begin{array}{r} 111_{(2)} \\ +\ .10_{(2)} \\ \hline 1001_{(2)} \end{array}$$

뺄셈에서는 높은 자리에서 수를 빌려올 때, 2를 빌려 오면 되겠죠.

$$\begin{array}{r} \overset{1}{\cancel{1}}0001_{(2)} \\ -\ 100_{(2)} \\ \hline 1101_{(2)} \end{array}$$

라이프니츠가 들려주는 기수법 이야기

곱셈은 정말 간단하다는 것을 알게 될 거예요. 구구단도 필요 없죠. 아랫줄에 쓰여진 수가 0이면 그냥 0으로 적으면 되고, 1이면 윗줄의 수를 그대로 적으면 되니까요.

$$
\begin{array}{r}
1011_{(2)} \\
\times \quad 101_{(2)} \\
\hline
1011 \\
10110 \\
\hline
110111_{(2)}
\end{array}
$$

나눗셈도 간단해요. 나누는 수가 나눠지는 수보다 작거나 같으면 1, 크면 0이라고 쓰기만 하면 되니까요.

$$
\begin{array}{r}
10_{(2)} \\
11_{(2)}\overline{)111_{(2)}} \\
11 \\
\hline
1_{(2)}
\end{array}
\qquad
\begin{array}{r}
11_{(2)} \\
10_{(2)}\overline{)111_{(2)}} \\
10 \\
\hline
11 \\
10 \\
\hline
1_{(2)}
\end{array}
$$

이렇게 0과 1, 있음과 없음으로 이루어진 2진법이 세상을 표현하는 도구가 될 것이라는 나의 예언은 현대에 그대로 이루어졌답니다.

수짱이가 말했습니다.

"저는 분명 현대인인데, 별로 그런 것을 못 느끼겠는데요."

하하, 수짱이는 컴퓨터를 사용하지 않나요?

"에이, 요즘 컴퓨터를 안 쓰는 사람이 있으려고요. 저는 물론 제 친구들, 선생님들 모두 컴퓨터를 사용하는걸요. 컴퓨터 없이는 이 세상이 돌아가지 않을 거예요."

그래요. 현대 사회에 없어서는 안 될 컴퓨터가 바로 2진법으로 움직이고 있답니다. 스위치가 켜지면 1, 안 켜지면 0. 이 단순한 조합으로 무수히 많은 정보를 표시하게 되는 거죠. 여러분들은 반도체란 말을 들어봤겠죠? 전자신호를 처리하는 반도체는 평상시에는 전기가 통하지 않는 부도체이지만, 상황에 따라 전기가 통하는 도체가 되는 물질이에요. 따라서 어떤 조건하에서 도체가 되면 1을, 부도체가 되면 0을 표시하게 되죠.

예를 들어, 모든 문자에는 숫자 코드가 주어져 있답니다. 대문자 A에는 65라는 숫자 코드가 정해져 있고, 이것을 2진법 코드로 나타내면 01000001이 되죠. 비트 bit 란 말을 들어 보셨나요?

수짱이가 말했습니다.

라이프니츠가 들려주는 기수법 이야기

"컴퓨터 정보의 최소 단위라고 들었던 것 같아요."

잘 알고 있네요. 2진법 수 한 자리에는 0이나 1을 표시할 수 있죠? 2진법 수 한 자리를 비트라고 해요. 수짱이의 설명대로 이것은 컴퓨터 정보 처리의 최소 단위에요. A를 표시하는 01000001은 모두 여덟 자리이니까 8비트의 코드이지요.

셈신이가 말했습니다.

"디지털이라고 하면 왠지 컴퓨터와 관련되어 있을 것 같은데요. 디지털이라는 말도 2진법과 관계가 있나요?"

역시 셈신이네요. 맞습니다. 디지털digital은 손가락, 발가락, 숫자를 의미하는 'digit'에서 유래한 말이에요. 아날로그와 대응되는 의미이지요. 아날로그는 연속된 양을 나타낼 수 있지만 디지털은 불연속적인 양을 나타냅니다. 여길 보세요.

라이프니츠 선생님은 준비해 온 체중계 두 개를 꺼냈습니다.

자, 라이프니츠와 함께 하는 신체검사 시간이 돌아왔습니다!

여자아이들은 모두 소리를 지르고 난리가 났습니다. 학교 신체 검사시간에도 절대 보기 싫은 체중계라니……

걱정 마세요. 그 동안 기수법 강의에 선생님을 많이 도와주었던 회장이 나와 볼까요? 얼마나 열심히 공부했는지 한번 봅시다.

셈신이는 열심히 공부한 것과 체중이 무슨 상관이냐면서도 라이프니츠 선생님이 자신을 불러준 것을 즐거워하면서 앞으로 나왔습니다. 휴우……, 안도의 한숨을 내쉬는 여자아이들……

라이프니츠가 들려주는 기수법 이야기

셈신이는 어떤 체중계가 마음에 드나요?

"아무래도 디지털 체중계가 정확할 것 같으니까, 이왕 재는 거 디지털로 할게요."

음, 셈신이가 공부를 진짜 열심히 했나 봐요. 체중이 45.67kg밖에 안 나가네요. 이제 기수법 공부가 끝나면 많이 먹고 운동도 많이 하세요. 그런데 이게 진짜 셈신이의 체중, 그러니까 참값일까요? 선생님이 가져온 체중계가 완벽하다고 가정한다면요.

'무슨 말씀이신지' 하고 고개를 갸우뚱하는 아이들…….

셈신이의 몸무게가 45.67kg으로 나왔지요. 이 체중계가 아무리 완벽해도 체중계가 표시할 수 있는 숫자는 정수 두 자리와 소수점 아래 두 자리의 네 개뿐입니다. 만약 셈신이의 진짜 체중이 45.6723321…kg이었다면? 그래도 이 체중계는 45.67kg을 가리킬 뿐입니다. 물론 셈신이의 체중은 45.666kg일 수도 있는 것이고요. 즉 디지털 체중계에 표시된 45.67kg는 사실 45.665kg 이상 45.675kg 미만의 어느 몸무게를 대표해서 표시되었을 뿐 그 참값을 나타내지는 않습니다. 이런 값을 측정값이라고 해요.

그에 비해 아날로그 체중계는 바늘이 눈금을 가리켜서 체중을 표시하지요. 인간의 능력상 그 정확한 수치를 읽을 수 없을 뿐 아날로그 체중계는 체중의 참값을 가리키고 있답니다.

45.67

연속된 양을 디지털로 표시하는 방법을 생각해 볼까요? 라디오 볼륨의 임의의 값을 디지털로 표시해 보죠. 전체 볼륨 값을 둘로 나눠서 작은 쪽은 0, 큰 쪽은 1로 표시합니다. 다시 각 구간을 이등분해서 세분된 구간을 다시 0과 1로 표시하고, 첫 번째 붙여 준 숫자를 첫 번째 자리, 두 번째 붙인 숫자를 두 번째 자리로 하는 숫자를 만듭니다. 이런 작업을 세 번 했다면, 다음과 같은 볼륨의 단계를 얻을 수 있어요.

2진법 숫자로 여덟 단계를 얻었네요. 작업을 세 번 했으므로, $2^3 = 8$ 단계의 값을 얻을 수 있는 거랍니다. 이런 작업을 계속해 나가면 원하는 만큼 정밀한 디지털 값을 얻을 수 있죠.

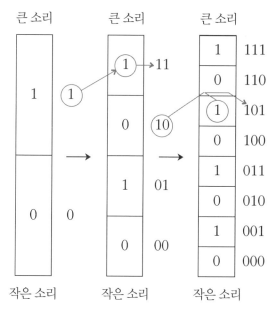

000 001 010 011 100 101 110 111

이번에는 여러분과 좀 더 친밀한 2진법을 보여 줄까요?

라이프니츠 선생님은 과자 봉지를 꺼내어 바코드를 가리켰습니다.

셈신이가 말했습니다.

"바코드 말씀이신가요? 바코드가 2진법과 관계가 있나요?"

예. 바코드는 2진법으로 이루어진 기호랍니다. 이 바코드에는 과자에 대한 온갖 정보가 담겨 있어요. 자 그럼 우리가 바코드를 한번 만들어 볼까요? 우선 숫자를 바코드로 표시하는 것을 연습해 보죠.

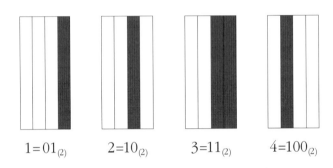

$1=01_{(2)}$ $2=10_{(2)}$ $3=11_{(2)}$ $4=100_{(2)}$

그런 다음 바코드에 담겨 있는 과자의 정보를 해독해 보겠습니다.

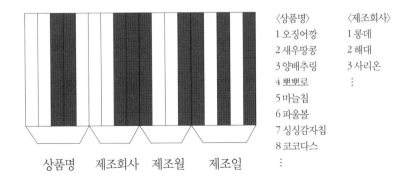

상품명 제조회사 제조월 제조일

〈상품명〉
1 오징어깡
2 새우땅콩
3 양배추링
4 뽀뽀로
5 마늘칩
6 파울볼
7 싱싱감자칩
8 코코다스
⋮

〈제조회사〉
1 롯데
2 해태
3 사리온
⋮

라이프니츠가 들려주는 기수법 이야기

처음 다섯 자리가 상품명을 나타낸다고 하면, 상품명 코드는 00110이겠죠? $00110_{(2)} = 4+2 = 6$이니까 이 과자의 이름은 '파울볼'이었군요. 그 다음 네 자리는 제조회사를 나타낸다고 하면 제조회사 코드는 $0011_{(2)} = 2+1 = 3$입니다. 음……, '사리온 회사'에서 만든 과자였네요. 다음 네 자리는 제조월로, $1001_{(2)} = 8+1 = 9$이니까 9월에 만들어진 것을 알 수 있어요. 다음의 다섯 자리는 제조일로 $10101_{(2)} = 16+4+1 = 21$이고, 21일에 제조되었다는 것을 표시하고 있어요.

"이 줄무늬들이 왜 모든 상품에 있는지 궁금했었는데 그게 2진법 표시였네요."

"편의점이나 마트에서 이 바코드 속에 담긴 정보를 스캔하면 지금 어느 점포에 어느 물건이 얼마나 있는지, 어느 물건이 더 필요한지 등을 즉시 알아낼 수 있겠어요."

"라이프니츠 선생님께서는 현대 생활에 없어서는 안 될 컴퓨터 등의 기본 원리를 생각해내셨군요. 처음에는 다소 허무맹랑하다고 생각했던 '이 세상에는 보편적으로 통하는 무엇인가가 있고, 그것으로 모든 것을 설명할 수 있다' 라는 말씀이 얼마나 선구적인 생각인지 알 것 같아요."

"그런데 실제로 계산기를 발명하시기도 했다고 들었어요."

셈신이가 그것까지 알고 있었네요. 내가 발명한 계산기에 대해 얘기하기 전에 일종의 수동식 계산기라고 할 수 있는 주판에 대해서 살펴볼까요?

주판은 10진법을 기본으로 하고, 보조적으로 5진법을 사용하고 있답니다. 각 줄은 1의 자리, 10의 자리, 100의 자리, …를 의미해요. 그리고 아래 칸과 위의 칸으로 분리되어 있지요. 각 줄의 아래 칸에는 주판알이 네 개, 위의 칸에는 한 개가 있어요. 1의 자리에서 아래 주판알 네 개는 1을 나타내고, 5가 되면 위 칸의 주판알

한 개를 내려 주면 됩니다. 그리고 10이 되면 10의 자리의 주판알을 하나 올리지요.

이것이 발전된 것이 파스칼B.Pascal,1623~1662이 고안한 계산기랍니다. 0에서 9까지의 숫자가 있는 톱니바퀴를 조합해서 아랫자리의 톱니바퀴가 1회전할 때, 윗자리가 한 눈금 회전하도록 되어 있어요. 주판에서는 사람이 올려 줘야 했던 자리를 저절로 올라가도록 만들었지요.

그런데 파스칼의 계산기는 덧셈에서만 편리했을 뿐 곱셈 등의 계산에서는 과정이 매우 번거로웠습니다. 이것을 개량해서 곱셈, 나눗셈까지 할 수 있게 만든 것이 바로 내가 만든 계산기랍니다.

라이프니츠 계산기

셈신이 덕분에 내 자랑을 좀 했군요. 내가 일생 동안 이 세상의 원리를 설명할 수 있는 보편성에 대해서 연구했다고 말했었죠. 보편적인 기호에 대한 연구를 계속하다가 나는 중국의 상형문자에 관심을 갖게 되었답니다. 중국에 관한 정보를 모아《최신 중국 소식》이라는 책을 펴내기도 했지요. 그러던 중에 중국에 파견된 부베 신부로부터 동양 철학 '주역' 이야기를 듣게 되었어요.

주역은 중국 최초의 제왕인 복희가 만들었다고 전해집니다. 8괘와 6효를 기본 원리로 하고 있지요. 효爻는 양효■■■와 음효■■ ■■ 두 가지가 있는데, 이 두 가지 효로 세상의 이치를 설명하고 있어요. 2진법에서 1과 0으로 모든 것을 표현할 수 있는 것과 마찬가지라고 할 수 있죠. 나는 2진법과 주역의 원리가 동일하다는 것을 깨닫고 몹시도 놀라고 흥분했습니다. 중국인들은 벌써 수천 년 전에 이런 이치를 알고 있었다니…….

효를 세 개 조합하면 2^3=8가지의 원리가 나오는데, 이것을 8괘라고 해요. 2진법의 세 자리로 0에서 8까지의 숫자를 표현할 수 있는 것과 마찬가지이지요. 태극기에서도 건, 곤, 감, 리 네 개의 괘를 찾아볼 수 있답니다. 또 여섯 가지 효를 조합하면 64가지가 나오고, 이것을 64괘라고 해요.

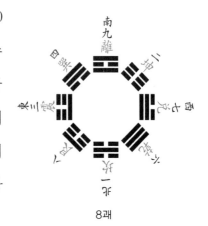

8괘

셈신이가 말했습니다.

"선생님께서 생각해내신 2진법의 원리가 고대로부터 현대까지 이어진다는 것이 놀라워요. 중국 고대 사람들이 양, 음으로 세상의 이치를 설명하려고 한 것과 오늘날의 모든 정보가 2진법 코드에 담겨서 컴퓨터로 구현되는 것이 너무나 비슷하네요. 이 세상에는 보편적으로 통하는 무언가가 있다는 말씀이 무슨 뜻인지 다시한번 알게 되었어요."

자, 여러분은 지금까지 일곱 번의 수업에 걸쳐서 수의 시작, 기수법의 원리, 고대의 기수법, 0을 발명한 인도인들의 숫자, 그리고 2진법에 대해서 알아봤습니다.

기수법에 대해서 공부하는 동안 수란 무엇인가에 대해서 고민해 보았다면 그것만으로도 큰 수확이라고 생각해요. 오늘날의 수가 결코 어느 시대, 어느 지역만의 산물일 수 없으며 인간의 오랜 역사 속에서 동·서양의 사상이 조화되어 이루어진 작품이라는 것을 잊지 말았으면 하는 당부를 끝으로 기수법 수업을 마치겠습니다.

라이프니츠가 들려주는 기수법 이야기

일곱번째 수업 정리

1 라이프니츠는 이 세상을 표현할 보편적 기호를 연구했고, 0과 1만으로 모든 수를 적을 수 있는 2진법을 고안했습니다. 그리고 현대의 컴퓨터는 2진법의 원리로 이루어져 있습니다.

2 양효■■와 음효■■ ■ 두 가지로 세상의 이치를 설명하는 주역도 2진법의 원리와 마찬가지입니다.